月刊誌

数理科学

毎月 20 日発売
本体 954 円

予約購読のおすすめ

本誌の性格上、配本書店が限られます。**郵送料弊社負担**にて確実にお手元へ届くお得な予約購読をご利用下さい。

年間 **11000**円
（本誌**12**冊）

半年 **5500**円
（本誌**6**冊）

予約購読料は**税込み価格**です。

なお、**SGC** ライブラリのご注文については、予約購読者の方には、商品到着後のお支払いにて承ります。

お申し込みはとじ込みの振替用紙をご利用下さい！

サイエンス社

数理科学特集一覧

63 年/7〜18 年/12 省略

2019 年/1 発展する物性物理
/2 経路積分を考える
/3 対称性と物理学
/4 固有値問題の探究
/5 幾何学の拡がり
/6 データサイエンスの数理
/7 量子コンピュータの進展
/8 発展する可積分系
/9 ヒルベルト
/10 現代数学の捉え方［解析編］
/11 最適化の数理
/12 素数の探究

2020 年/1 量子異常の拡がり
/2 ネットワークから見る世界
/3 理論と計算の物理学
/4 結び目的思考法のすすめ
/5 微分方程式の《解》とは何か
/6 冷却原子で探る量子物理の
　　最前線
/7 AI 時代の数理
/8 ラマヌジャン
/9 統計的思考法のすすめ
/10 現代数学の捉え方［代数編］
/11 情報幾何学の探究
/12 トポロジー的思考法のすすめ

2021 年/1 時空概念と物理学の発展

/2 保型形式を考える
/3 カイラリティとは何か
/4 非ユークリッド幾何学の数理
/5 力学から現代物理へ
/6 現代数学の眺め
/7 スピンと物理
/8 《計算》とは何か
/9 数理モデリングと生命科学
/10 線形代数の考え方
/11 統計物理が拓く
　　数理科学の世界
/12 離散数学に親しむ

2022 年/1 普遍的概念から拡がる
　　物理の世界
/2 テンソルネットワークの進展
/3 ポテンシャルを探る
/4 マヨラナ粒子をめぐって
/5 微積分と線形代数
/6 集合・位相の考え方
/7 宇宙の謎と魅力
/8 複素解析の探究
/9 数学はいかにして解決するか
/10 電磁気学と現代物理
/11 作用素・演算子と数理科学
/12 量子多体系の物理と数理

2023 年/1 理論物理に立ちはだかる
　　「符号問題」

/2 極値問題を考える
/3 統計物理学の視点で捉える
　　確率論
/4 微積分から始まる解析学の
　　厳密性
/5 数理で読み解く物理学の世界
/6 トポロジカルデータ解析の
　　拡がり
/7 代数方程式から入る代数学の
　　世界
/8 微分形式で書く・考える
/9 情報と数理科学
/10 素粒子物理と物性物理
/11 身近な幾何学の世界
/12 身近な現象の量子論

2024 年/1 重力と量子力学
/2 曲線と曲面を考える
/3 《グレブナー基底》のすすめ
/4 データサイエンスと数理モデル
/5 トポロジカル物質の
　　物理と数理
/6 様々な視点で捉えなおす
　　〈時間〉の概念
/7 数理に現れる双対性

「数理科学」のバックナンバーは下記の書店・生協の自然科学書売場で特別販売しております

SGCライブラリ-191

量子多体物理と人工ニューラルネットワーク

野村 悠祐・吉岡 信行 共著

サイエンス社

SGCライブラリ

(The Library for Senior & Graduate Courses)

近年，特に大学理工系の大学院の充実はめざましいものがあります．しかしながら学部上級課程並びに大学院課程の学術的テキスト・参考書はきわめて少ないのが現状であります．本ライブラリはこれらの状況を踏まえ，広く研究者をも対象とし，**数理科学諸分野および諸分野の相互に関連する領域**から，現代的テーマやトピックスを順次とりあげ，時代の要請に応える魅力的なライブラリを構築してゆこうとするものです．装丁の色調は，

数学・応用数理・統計系（黄緑），**物理学系**（黄色），**情報科学系**（桃色），

脳科学・生命科学系（橙色），**数理工学系**（紫），**経済学等社会科学系**（水色）と大別し，漸次各分野の今日的主要テーマの網羅・集成をはかってまいります．

※ SGC1〜131 省略（品切含）

132 偏微分方程式の解の幾何学
　　坂口茂著　　　　　　　　　本体 2241 円

133 新講 量子電磁力学
　　立花明知著　　　　　　　　本体 2037 円

134 量子力学の探究
　　仲滋文著　　　　　　　　　本体 2176 円

135 数物系に向けたフーリエ解析とヒルベルト空間論
　　廣川真男著　　　　　　　　本体 2204 円

136 例題形式で探求する代数学のエッセンス
　　小林正典著　　　　　　　　本体 2130 円

137 経路積分と量子解析
　　鈴木増雄著　　　　　　　　本体 2222 円

139 ブラックホールの数理
　　石橋明浩著　　　　　　　　本体 2315 円

140 格子場の理論入門
　　大川正典・石川健一共著　　本体 2407 円

141 複雑系科学への招待
　　坂口英継・本庄春雄共著　　本体 2176 円

143 ゲージヒッグス統合理論
　　細谷裕著　　　　　　　　　本体 2315 円

145 重点解説 岩澤理論
　　福田隆著　　　　　　　　　本体 2315 円

146 相対性理論講義
　　米谷民明著　　　　　　　　本体 2315 円

147 極小曲面論入門
　　川上裕・藤森祥一共著　　　本体 2250 円

148 結晶基底と幾何結晶
　　中島俊樹著　　　　　　　　本体 2204 円

151 物理系のための 複素幾何入門
　　秦泉寺雅夫著　　　　　　　本体 2454 円

152 粗幾何学入門
　　深谷友宏著　　　　　　　　本体 2320 円

154 新版 情報幾何学の新展開
　　甘利俊一著　　　　　　　　本体 2600 円

155 圏と表現論
　　浅芝秀人著　　　　　　　　本体 2600 円

156 数理流体力学への招待
　　米田剛著　　　　　　　　　本体 2100 円

158 M 理論と行列模型
　　森山翔文著　　　　　　　　本体 2300 円

159 例題形式で探求する複素解析と幾何構造の対話
　　志賀啓成著　　　　　　　　本体 2100 円

160 時系列解析入門 [第 2 版]
　　宮野尚哉・後藤田浩共著　　本体 2200 円

163 例題形式で探求する集合・位相
　　丹下基生著　　　　　　　　本体 2300 円

165 弦理論と可積分性
　　佐藤勇二著　　　　　　　　本体 2500 円

166 ニュートリノの物理学
　　林青司著　　　　　　　　　本体 2400 円

167 統計力学から理解する超伝導理論 [第 2 版]
　　北孝文著　　　　　　　　　本体 2650 円

170 一般相対論を超える重力理論と宇宙論
　　向山信治著　　　　　　　　本体 2200 円

171 気体液体相転移の古典論と量子論
　　國府俊一郎著　　　　　　　本体 2200 円

172 曲面上のグラフ理論
　　中本敦浩・小関健太共著　　本体 2400 円

173 一歩進んだ理解を目指す物性物理学講義
　　加藤岳生著　　　　　　　　本体 2400 円

174 調和解析への招待
　　澤野嘉宏著　　　　　　　　本体 2200 円

175 演習形式で学ぶ特殊相対性理論
　　前田恵一・田辺誠共著　　　本体 2200 円

176 確率論と関数論
　　厚地淳著　　　　　　　　　本体 2300 円

177 量子測定と量子制御 [第 2 版]
　　沙川貴大・上田正仁共著　　本体 2500 円

178 空間グラフのトポロジー
　　新國亮著　　　　　　　　　本体 2300 円

179 量子多体系の対称性とトポロジー
　　渡辺悠樹著　　　　　　　　本体 2300 円

180 リーマン積分からルベーグ積分へ
　　小川卓克著　　　　　　　　本体 2300 円

181 重点解説 微分方程式とモジュライ空間
　　廣惠一希著　　　　　　　　本体 2300 円

183 行列解析から学ぶ量子情報の数理
　　日合文雄著　　　　　　　　本体 2600 円

184 物性物理とトポロジー
　　窪田陽介著　　　　　　　　本体 2500 円

185 深層学習と統計神経力学
　　甘利俊一著　　　　　　　　本体 2200 円

186 電磁気学探求ノート
　　和田純夫著　　　　　　　　本体 2650 円

187 線形代数を基礎とする 応用数理入門
　　佐藤一宏著　　　　　　　　本体 2800 円

188 重力理論解析への招待
　　泉圭介著　　　　　　　　　本体 2200 円

189 サイバーグ−ウィッテン方程式
　　笹平裕史著　　　　　　　　本体 2100 円

190 スペクトルグラフ理論
　　吉田悠一著　　　　　　　　本体 2200 円

191 量子多体物理と人工ニューラルネットワーク
　　野村悠祐・吉岡信行共著　　本体 2100 円

まえがき

　近年，データ科学が実験科学，理論科学，計算（シミュレーション）科学に続く第4の科学と言われるようになってきた．物理の分野においても，様々な文脈で機械学習の応用が進んでいる．多岐にわたる応用の中から，量子多体系の解析，という観点に絞って，その基礎的内容から最新の研究の進展までを紹介することが本書の目的となる．

　量子多体系の解析は，物性物理分野が扱う多電子問題から，原子核分野が扱う核子多体系，素粒子分野の量子色力学に至るまで，様々な分野に共通する挑戦的課題である．量子性と多体性の兼ね合いによって生まれる創発的な量子現象を理解することはこの世の成り立ちを解明することにほかならない．

　量子多体問題の解析的な厳密解は，稀有な例外を除いて知られていないため，その解析には数値シミュレーションが必須となっている．計算科学の目覚ましい発展によって，量子多体問題解析の高精度化・大規模化が進んでおり，数十年前では考えられなかったようなシミュレーションが可能になりつつある．このことによって，量子多体現象の理解が大きく進んできているだけでなく，一部の場合には定量的な予測も可能になりつつある．すなわち，高度な数値解析手法の存在は量子多体研究を駆動する大きな原動力となる，ということである．その点において，人間が定義したルールに従って演算を行う計算科学的手法とデータに基づいてルールを決定するデータ科学的手法が相補的な関係にあることを考慮すると，両者をうまく組み合わせることで，より進んだ数値解析ができるのではないか，という期待を抱くことは当然である．

　本書では，そのような期待の下，量子多体問題に対して機械学習の技術を導入することによる，より高度な解析を目指す取り組みについて議論していく．ただし，一点頭に入れておいてほしいことは，（少なくとも現状は）機械学習は万能ではない，すなわち，機械学習を何も考えずに導入しただけではうまく機能しない場合もある，ということである．しかし，人の手によって適切な工夫・設定をしてやれば，量子多体問題解析のための有用なツールになり得るということもわかってきている．そのため本書ではそのようなプラクティカルな観点も含めながら話を進めていきたいと思う．

　本書の中身を大きく3分割すると，第1章が物性物理分野における機械学習のオーバービューをする導入的な章，第2〜6章が基礎的な事項・教科書的な内容，第7, 8章が応用的な内容・近年の研究の進展の紹介，となっている．

　第2〜6章の中身をもう少し詳しく述べる．第2章は量子多体系の導入，第3章は人工ニューラルネットワークの導入となっており，この時点ではこれら2つの事項は完全に独立に書かれている．その上で，第4章で人工ニューラルネットワークがどう量子多体問題解析に適用できるか，という点を議論する．第5, 6章では量子多体系に対する機械学習応用の代表的な例である変分法と

トモグラフィーにそれぞれ焦点を当てて記述を行っている.

　機械学習の量子多体系への応用は新しい研究分野なので，発展的課題や最近の進展について触れる第7, 8章は主に文献紹介となっている．できるだけ最近の文献まで引用するようにしたつもりなので，最新の動向を知るにはぜひ元論文にあたっていただきたい．読者の方が関連する内容に興味を持ち，ご自身の研究もしくは勉強の一助となれば望外の喜びである.

謝辞：本書には，今田正俊氏，山地洋平氏，Andrew S. Darmawan 氏，Giuseppe Carleo 氏，Franco Nori 氏，濱崎立資氏，水上渉氏をはじめとする方々との共同研究を通じて得られた知見が多く含まれている．ここに感謝の意を表したい．また，タイポなどの指摘をしてくださった（主に）学生の方々にも謝辞を述べさせていただきたい．最後に，本書の完成に向けて継続的に励ましてくださった「数理科学」編集部の高橋良太氏，編集・校正担当の大溝良平氏にも感謝したい.

　2024 年 3 月

野村　悠祐

吉岡　信行

目　次

第1章　〈 物理 | 機械学習 〉 1

1.1　機械学習とは？ 1

　　1.1.1　機械学習のタスク 1

　　1.1.2　機械学習と物理 2

1.2　物理における機械学習（I）：物理状態の分類・相転移検出 4

　　1.2.1　多体局在系の分類 5

　　1.2.2　トポロジカル系の分類 5

　　1.2.3　分類タスクにおける物理的手法の逆輸入 6

1.3　物理における機械学習（II）：物理状態・物理モデルの表現 6

　　1.3.1　古典系の表現 7

　　1.3.2　量子系の表現 8

　　1.3.3　原子・分子ポテンシャルの表現 9

1.4　物理における機械学習（III）：その他の例 10

　　1.4.1　支配方程式の学習 10

　　1.4.2　物理状態の制御・生成 10

　　1.4.3　量子機械学習 11

第2章　量子多体系・量子多体波動関数 12

2.1　量子多体系とは 12

2.2　量子多体波動関数 13

　　2.2.1　量子多体問題と波動関数 13

　　2.2.2　量子多体ハミルトニアンの例 14

　　2.2.3　量子多体波動関数の例 17

　　2.2.4　量子多体波動関数に対する有名な洞察 20

2.3　量子多体波動関数に対する数値手法 21

第3章　人工ニューラルネットワーク 24

3.1　オーバービュー 24

3.2　識別モデル（とその動作原理） 25

　　3.2.1　多層パーセプトロン 25

　　3.2.2　畳み込みニューラルネットワーク 28

3.3　生成モデル（とその動作原理） 30

　　3.3.1　ボルツマンマシン 30

　　　　3.3.2　制限ボルツマンマシン 32

　　　　3.3.3　深層ボルツマンマシン 33

　　3.4　学習方法の比較 34

　　　　3.4.1　識別モデルの教師あり学習 34

　　　　3.4.2　生成モデルの教師なし学習 38

　　3.5　人工ニューラルネットワークの表現能力 39

第 4 章　人工ニューラルネットワークを用いた量子状態表現　　　　　　　　　　**41**

　　4.1　人工ニューラルネットワーク波動関数 41

　　　　4.1.1　波動関数の例 41

　　4.2　テンソルネットワーク 43

　　　　4.2.1　波動関数の例 43

　　　　4.2.2　エンタングルメントエントロピー 45

　　4.3　人工ニューラルネットワーク波動関数の基本性質とテンソルネットワークとの比較 . 47

　　　　4.3.1　普遍近似（ネットワークが大きい極限） 47

　　　　4.3.2　実用上の表現性能 47

　　　　4.3.3　テンソルネットワークとの関係 48

　　4.4　人工ニューラルネットワーク波動関数の適用例 49

　　　　4.4.1　解析的な構築 49

　　　　4.4.2　パラメータの最適化（学習）による構築 50

第 5 章　人工ニューラルネットワークを用いた変分法　　　　　　　　　　　　　**51**

　　5.1　変分法とは 51

　　5.2　人工ニューラルネットワークを用いた変分アルゴリズム 52

　　　　5.2.1　変分法に人工ニューラルネットワークを使う意義 52

　　　　5.2.2　学習方法（パラメータの最適化方法） 54

　　　　5.2.3　計算手順のまとめ 60

　　5.3　量子スピン系を用いたデモンストレーション 60

　　　　5.3.1　RBM 波動関数 61

　　　　5.3.2　SR 法における計算の詳細 62

　　　　5.3.3　実行結果 63

　　5.4　量子スピン模型に対するカルレオ-トロイヤーの数値結果 65

　　5.5　適用の "本丸" 66

　　5.6　一般の量子多体ハミルトニアンへの適用 67

第 6 章　量子状態トモグラフィー　　　　　　　　　　　　　　　　　　　　　　**69**

　　6.1　量子状態トモグラフィーとは 69

　　6.2　量子状態トモグラフィーの原理 71

　　　　6.2.1　古典確率分布のトモグラフィー（教師なし学習） 71

     6.2.2   量子状態トモグラフィー（純粋状態）. 73

     6.2.3   量子状態トモグラフィー（混合状態）. 76

第 7 章　基底状態計算に関する進展　　　　　　　　　　　　　**80**

  7.1　変分法. 80

     7.1.1   適用範囲の拡張. 81

     7.1.2   実用上の問題：どうやれば精度が出るか？. 91

     7.1.3   ベンチマークを超えて挑戦的な問題へ適用. 94

     7.1.4   オープンソースパッケージの開発. 96

  7.2　基底状態を表す深層ボルツマンマシンの解析的な構築. 96

     7.2.1   アイデア. 96

     7.2.2   虚時間発展を再現するための解. 96

     7.2.3   数値計算の例. 99

     7.2.4   議論：経路積分との関係・変分法との比較. 100

第 8 章　発展的課題：励起状態・ダイナミクス・開放量子系・有限温度　**103**

  8.1　励起状態. 103

     8.1.1   部分空間法. 103

     8.1.2   対称性の制約を課す手法. 105

     8.1.3   ペナルティ法. 106

  8.2　実時間ダイナミクス. 107

  8.3　開放量子系. 108

     8.3.1   Choi 表現による量子マスター方程式のベクトル化. . 109

     8.3.2   人工ニューラルネットワークによる非平衡定常状態の計算. 110

     8.3.3   横磁場イジング模型におけるデモンストレーション. 111

  8.4　有限温度. 111

第 9 章　これからに向けて　　　　　　　　　　　　　　　　　　**116**

  9.1　機械学習手法の課題と将来の方向性. 116

     9.1.1   手法の高度化. 116

     9.1.2   手法のホワイトボックス化. 116

     9.1.3   "真"に有用なツールへ. 117

     9.1.4   他の手法とのクロスチェック. 117

  9.2　終わりに. 118

参考文献　　　　　　　　　　　　　　　　　　　　　　　　　　　**119**

索　引　　　　　　　　　　　　　　　　　　　　　　　　　　　　**126**

第 1 章
〈 物理 | 機械学習 〉

近年，物理分野において機械学習の応用が進んでいる．まずそのオーバービューをしよう．

1.1 機械学習とは？

1.1.1 機械学習のタスク

機械学習は，データ間の非自明な関係を非線形関数でモデル化し，データの本質的なパターンを抽出することで，未知データに関して汎化予測を行うことを指す．計算機科学者のトム・ミッチェルは，以下のように洞察に富んだ定義を与えている：

> *A computer program is said to learn from experience E with respect to some class of tasks T and performance measure P, if its performance at tasks in T, as measured by P, improves with experience E.*

ここで，タスク T は，まさに解こうとしている問題や予測に対応するものであり，分類・データの表現・データの生成・回帰などが含まれる．具体的にどのような内容なのかを列挙してみよう．

- **分類**とは，データに対して離散的なラベルを割り当てることを指す．一般的な情報データに関して最も広く知られた分類タスクの例として，画像認識が挙げられる．物理学において最も普遍的に存在する問題意識で言えば，状態相の決定がこれに当たる．

- **表現**とは，与えられたデータセットの分布を精密に再現するような，低次元の関数・モデルを構築することを指す．例えば，気象予報や経済予測などに際するモデリングがその例である．多自由度による振舞いの本質を抜き出そうという意識は物理学とも相性が良いことから，対応する問題は極めて多種多様である．本書では特に，多体系の変分計算や量子状態の情報

復元などを扱う.

- **データ生成**では，特定のモデルや既存のデータセットの分布に従うデータを，新たに作り出すことが目的とされる．例えば，分類精度を向上させるためにデータ量を増加させたり，無相関なサンプリングによって統計誤差を抑えたい場合などが想定される.

- **回帰**とは，表式が未知であるような連続関数の出力を予測することを指す．例えば原子構造や記述子といった情報から，物質の物性値を外挿・内挿によって求めることが含まれる.

これだけでは具体的な適用例をイメージすることは難しいかもしれない．そこで，1.2 節，1.3 節において，**物理状態の分類**および**物理状態・物理モデルの表現**を目的とした研究について，より具体的に紹介したい.

1.1.2 機械学習と物理

機械学習と物理は非常に親和性が高い．なぜならば，両者ともに複雑なシステムの挙動を説明・予測するためのモデルを構築するという点で共通しているからである．複雑なシステムというのは，入力のデータ x（一般的には多次元になる）と，それによって生み出される出力 y があったとき，x と y の関係が非自明なシステムと考えてもよい．この x と y を繋ぐモデルを $\mathcal{F}$ とした場合，

$$x \xrightarrow{\mathcal{F}} y \tag{1.1}$$

である．このモデル $\mathcal{F}$ の構築のアプローチが機械学習と従来の物理学では異なる．物理分野において機械学習を導入することにどういう意義があるのか，という点を明確にするためには，このアプローチの違いを整理しておくことが非常に重要であろう.

表 1.1 にその違いについての私見をまとめてみた．従来の物理学では，何らかの物理的洞察に基づいてモデルを構築する場合が多く，構築されたモデルに含まれるパラメータ数は一般に少ない．一方，機械学習においては，表現能力の高い非線形関数（例えば**人工ニューラルネットワーク**）を用いてモデル $\mathcal{F}$ を表現し，モデルに含まれるパラメータの値は，x と y のデータセットを大量に用意してモデルを学習させることによって決められる．近年のコンピュータの計算能力の向上のおかげで，機械学習アプローチにおいては大量のパラメータを投入できるようになってきている．この違いに応じたそれぞれのアプローチの長所と短所を以下にまとめてみたい.

洞察に基づいて少数のパラメータでモデルを記述する場合，モデルの改善のためにどのようなパラメータを追加するかは極めて非自明であるため，モデルの系統的改善性が困難になってしまう．一方で，機械学習において例えば人工ニューラルネットワークを用いる場合，人工ニューラルネットワークは**普遍近似性能**を持っている（3.5 節参照）ために，パラメータを増やすことでその表

表 1.1　モデル構築における従来の物理学と機械学習の比較.

	従来の物理学	機械学習
モデル構築	人間が行う 人間の洞察に基づく	機械が行う データ駆動
パラメータ数	少ない	多くすることが可能
長所	モデルの解釈が容易 拘束条件を課すことが簡単	（原理上）モデルの系統的改善が可能 複雑なモデルを構築可能 バイアスが少ない
短所	不必要なバイアスが含まれる 系統的改善が困難	モデルの解釈が困難（ブラックボックス） 拘束条件を課すことが難しい 学習に大量のデータと計算資源を要する

現能力が系統的に向上する．したがって，原理的には機械学習によって複雑なモデルを構築することができ，複雑な現象の記述やモデルの精度向上などを望むことができる．ただし，ここで原理的と言っているのは，パラメータの最適化（学習）が常にうまくいくのであれば，という前提がついているからである．機械学習による複雑なモデルの構築はそもそもうまくいかない場合もあるし*1)，仮に成功した場合でも，そのためには膨大なデータと大量の計算資源が必要になることが多い．

　機械学習によって構築されたモデルは，物理分野の先入観に囚われることがないため，複雑な系の性質を理解する上で，単純化しすぎることや，誤った理解に繋がる不必要なバイアスを排除するのに役に立つ可能性がある．しかし，得られたモデルは通常，解釈が困難なものになってしまう．機械学習が**ブラックボックス**と言われる所以である．さらに，構築されたモデルが対象となる系の対称性や漸近挙動などを勝手に満たしてくれるということは一般には起こり得ない*2)．一方，従来の物理学による構築では，このような拘束条件を満たすモデルを容易に設計することができる．

　上述のような違いを頭に入れた上で，それぞれの物理課題において機械学習がどのような期待の下に導入されたか，を考えながら本書を読み進めてくださ

---

*1)　近年注目されている**トランスフォーマー**[1]はこの訓練性の問題を回避することができるかもしれないと着目されているが，いずれにせよ大量のデータと計算資源が必要なのは間違いない．

*2)　初期条件や境界条件，物理の方程式の情報を損失関数に取り込むことで，この問題を回避しようという試み（physics-informed neural networks）もある[2]．

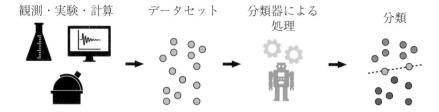

図 1.1 機械学習によって構築した予測器による分類のイメージ．観測・実験・数値
計算を通じて得られたデータセットを入力とする予測器により，多クラス分
類が行われる．

ると幸いである．それでは具体的にどのような課題に適用されつつあるのか，
を見ていくこととしよう．

1.2 物理における機械学習（I）：物理状態の分類・相転移検出

分類タスクの本質は「有限もしくは無限自由度のデータに対して，離散的な
ラベルを割り当てる」という操作にある（図1.1）．その代表例として，画像認
識がある．例えば，カメラで撮影された人物のタグ付けを行う際には，RGB
値の定められたピクセルを2次元的に配列した離散データ，つまり画像を入力
データとして，人物に対応するラベル（もしくはその尤度・確信度）を出力と
するような予測器を構築することになる．その計算過程は一般に非常に複雑で
あり，単純な演算で書き下すことはできないが，人工ニューラルネットワーク
が有用であることがわかってきている[3]．高精度な分類を行いたい，という問
題意識は画像認識分野だけにとどまるものではなく，動画や音声などといった
情報処理，金融やマーケット分析などの経済活動，さらには実験データ解析や
物性予測など自然科学にも共通する．

物理学における最も汎用的かつ重要な分類タスクと言えば，物理状態相の同
定だろう．画像認識を中心とした情報処理タスクにおいて猛威をふるい始めて
いた人工ニューラルネットワークが，状態相の識別にも応用可能であること
が，2017年にカラスキーヤとメルコによって指摘された[4]．有限温度下で生
成された，2次元古典イジング模型のスピン配列を白黒画像とみなして教師あ
り学習を行うと，「局所的な秩序」の概念を学習し，強磁性/常磁性相の判別や
相転移温度の予測が可能になる，というものだ．古典イジング模型のような，
局所的な秩序変数が存在する系は，画像認識手法との相性が良く，教師あり学
習・教師なし学習のいずれも有効であるとの報告が相次いだ[5–11]．従来の画
像認識においても，人の目・鼻・口などの「局所」的な情報を抽出していたこ
とを思えば，これは自然な結果だと解釈できるだろう．では，局所物理量で特
徴付けられないような相を分類することは可能なのだろうか．より非自明な適

用先として注目を集めたのが，多体局在系とトポロジカル系だ．

1.2.1 多体局在系の分類

多体局在（many-body localization, MBL）とは，多体相互作用する非可積分系が，不純物によってヒルベルト空間中で局在してしまうことで，熱化を阻害されるという現象である[12,13]．多体局在相を特徴付けるような明確な指標は確立されておらず，研究者を惹き続けるトピックの一つである．機械学習を用いたアプローチは，平衡状態の局所物理量をそのまま用いるのではなく，非平衡もしくは大域的な情報を反映するであろう物理量を多次元の入力データとしている[14–17]．例えば，シンドラーらは，ある量子状態に対して，エンタングルメントスペクトル*3)を入力とする人工ニューラルネットワークを学習させると，比較的少ない数値コストで多体局在現象の有無を予測できる，と指摘した[14]．磁化の時間発展を再起型ニューラルネットワークによって学習することでも，同様な相図が描けることがわかっている[17,18]．

1.2.2 トポロジカル系の分類

大域的な特徴量という考え方がはじめて導入されたのが，トポロジカル系である．量子ホール効果の発見[19,20]以来，物理学者たちは，波動関数のトポロジーによって量子状態が分類できる，という奇妙な概念に魅了され続けている．その性質の深さと豊富さを考えると，物性物理学における最も重要で困難な分類課題の一つであることは間違いないだろう．この文脈で，さらなる理解を深めるために，機械学習を適用することは非常に自然なことだと考えられる．例えば，自由フェルミオン系から生成された多体相関関数を学習することで，多体フェルミオン系のトポロジカル相を分類したり[21]，波数表示されたハミルトニアン自体を入力とするような学習によって，巻きつき数による分類が可能であることが示されている[22,23]．

多体局在を引き起こすランダムネスとトポロジカル物性の両者が交差する領域における分類タスクは，より挑戦的なものになる．乱れや不純物によって，系の並進対称性が破られると，一般的に用いられているトポロジカル不変量の公式が破綻してしまうのが，その一因である．そこで，電子の実空間配置を「画像」とみなして学習することで，この問題を解決しよう，という試みが精力的に行われている[24–27]．さらに発展が進めば，数値計算上で得られたデータによって実験データを分類したり[28]，有限温度領域の相図を描いたりと，多種多様な設定に対応できる予測器が作られることになるだろう．

---

*3) エンタングルメントスペクトルとは，ある部分系に関する縮約密度行列の固有値の集合が $\{\lambda_i\}_i$ のように与えられたとき，$\{-\log \lambda_i\}_i$ に対応する集合を指す．

1.2.3 分類タスクにおける物理的手法の逆輸入

ここまでは，機械学習手法を用いて状態を分類する手法について議論してきた．逆に，物理学において開発・提案された概念を機械学習に輸入しようという動きもある．例えば，量子系を調べる上で最も強力な数値計算手法の一つである，テンソルネットワークによって，画像などの古典情報処理を行う試みが広がっている[29-33]．また，同一ラベルに属するはずのデータを，故意的に異なるラベルに割り振った時の予測器の振舞いから真のラベリングを予測するという半教師あり学習法も提案された[34]が，これも物理学ならではの考え方だろう．

1.3 物理における機械学習（II）：物理状態・物理モデルの表現

上に紹介した分類タスクは，物理状態と秩序の間に存在する関係性を，ブラックボックス的に振る舞う複雑な関数に落とし込むのが目的であった．この節では，物理状態そのもの（もしくは等価な情報を持つ量）に対応する確率分布や複素振幅を，人工ニューラルネットワークによって表現する方向性の研究について紹介する．

その前に，本書において「表現」という言葉を用いる際の文脈をもう少し明確にしておこう．例えば，波動関数・密度行列・ボルツマン分布のように，一般の物理量を計算するために十分な情報を持つものは「物理状態の明示的な表現である」と記述できる．厳密に可解な模型は，「固有状態の厳密な表現が求まる模型」と言い換えることができ，最適化によって基底状態を変分的に計算しようとする試みは，「基底状態の近似表現の計算」と書き表される．

従来の機械学習のように，データ駆動的に表現を構築する際には，データの背後に存在する（と考えられる）「真の表現関数」を得ることはできない．しかし，学習を通じて近似的に表現を構築することは，以下のような2つの点で有用であると考えられている．

- **分類タスクの高精度化**：もしデータセットが系統的なエラーを大きく含まないなら，その近似表現はしばしば，データの特徴抽出を伴っている．これを利用して，分類など他のタスクを改善できる場合がある．例えば，自己生成器から人工ニューラルネットワークの初期パラメータを与えることは，これに該当する．
- **新規データの高速かつ大量な生成**：データの分布を十分な精度で学習しておけば，元のデータの代わりに，近似表現モデルから新規データを生成することができる．

計算物理学においても，真の表現関数を得ることが難しいために，サンプリングをはじめとした効率の良い計算を通じて，なるべく精密な表現を獲得した

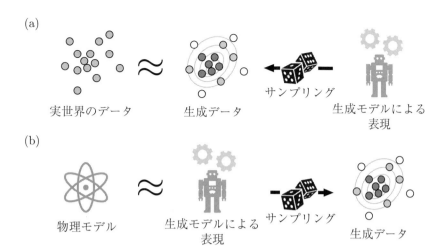

(a)

実世界のデータ 　　生成データ 　　サンプリング 　　生成モデルによる
表現

(b)

物理モデル 　　生成モデルによる 　　サンプリング 　　生成データ
表現

図 1.2 (a) データ駆動型の表現タスク．あるデータセットが与えられたとき，生成
モデルから作られるデータが十分な近似を与えるように学習を行う．パラメ
トリックな表現を構築することで，実際のデータセットの理解を深めること
が期待できる．(b) モデル駆動型の表現タスク．ある自然現象を記述するモ
デルが与えられたとき，元のモデルを近似または完全に再現する関数や生成
モデルを構築する．これにより，より安価なサンプリングが可能となり，元
のモデルの理解が促進されると期待される．

い，という動機は共通している．図 1.2 からも判断できるように，細かな違い
はあるにしても，抽象化された観点からは驚くほど多くの共通点が見出される
ことがある．

1.3.1 古典系の表現

　古典系の近似表現を求めるという問題は，機械学習や統計学の分野におい
て，古くから盛んに研究されてきた．図 1.2(a) のように，観測や実験から得ら
れたデータを再現するような「リバースエンジニアリング」の手法として，平
均場理論[35]，minimum probability flow 法[36]，変分自己回帰モデル[37] など
が用いられている．

　近年，物性物理および統計力学の分野において，近似表現をより直接に活用
して計算アルゴリズムを高速化できることが指摘されている．最も顕著な例と
して挙げられるのが，熱平衡におけるモンテカルロシミュレーションである．
例えば，特定の温度におけるスピン配位のデータを学習することで，サンプル
間に存在する自己相関を軽減するような更新を提案する生成器を作れること
が，古典イジング模型[38–40]，ファリコフ–キンバル模型[41]，古典スピングラ
ス模型[37] などで示されている．

　特に注目を集めているのが，「自己学習モンテカルロ法」である．自己学習
モンテカルロ法では，はじめに通常のモンテカルロサンプリングを実行して学

習データを生成したのち，大域的更新などの効率的なサンプル更新が可能なモデルによって，生成されたデータを学習する．この近似モデルを用いると，サンプル間の相関が小さな状態に更新できるため，効率の良いシミュレーションが可能になる，というアイデアである．モンテカルロ法のサンプリング効率がボトルネックとなるような状況は数多くあることから，様々な拡張がなされている[40,42,43]．

　上に述べたようなデータ駆動型のアプローチでは，近似表現を構築するための学習データ生成にモンテカルロサンプリングが必須となっており，これが計算時間のボトルネックになる可能性を避けられない．その意味で，究極的には，学習の必要なくサンプリングを高速化するようなアプローチが望ましい．例えば，多体相互作用を含む任意のイジング模型は，代数的な変形を通じて等価なボルツマンマシン（もしくは 2 体相互作用のみを含むイジング模型）を構築できるが，この「ボルツマンマシン表現」に対して大域的な更新法を適用することで，臨界点近傍のシミュレーションを高速化できることが，著者（吉岡）らにより指摘されている[44]．

1.3.2　量子系の表現

　物理状態の近似的な表現が重大な役割を果たすのは，古典系に限らない．量子多体系のシミュレーションにおいても，厳密対角化などといった全ヒルベルト空間の情報が必要な手法を用いる場合には，メモリ消費量や計算量といったコスト自体がボトルネックになってしまう状況が多い．興味のある物理現象を精度よく調べるためには，物理系の特徴を捉えつつ，かつ実効的に自由度を圧縮するような効率的な表現が必要となる．

　計算コストの削減と情報圧縮の精度をバランスよく実現する手法に数えられる手法の一つに，テンソルネットワーク法がある．例えば，ギャップのある 1 次元量子多体系では，**行列積状態**（matrix product state, MPS）と呼ばれるクラスの変分波動関数によって，基底状態を非常に正確に近似することができる[45]．その成功の背景にあるのが，量子エンタングルメントの性質である．MPS によって効率的に表現できる量子状態は，**エンタングルメントエントロピー**と呼ばれる指標が面積則を満たすものに対応するが，例えば局所相互作用する 1 次元量子多体系がギャップを有する場合には，この条件が満たされている．MPS で表現されるような量子状態に，ヒルベルト空間を大幅に制限することで計算を高速化しつつ，同時に目的の状態を正確に探索することができる，というカラクリになっている．MPS は主に，1 次元的な格子モデルへの適用を念頭に置いている一方で，高次元への拡張として，**projected entangled pair states**（PEPS）[46] や，テンソル縮約の関係が木構造によって与えられる tree-tensor network（TTN）などが提案されている．ギャップのある 1 次元量子多体系に匹敵するような精度を目指して，新しい手法の研究が続けられ

ている．

　強相関量子多体系のシミュレーションにおいて，新たに脚光を浴び始めているのが人工ニューラルネットワーク（artificial neural network, ANN）である[47,48]．2017 年にカルレオとトロイヤーは，制限ボルツマンマシン（restricted boltzmann machine, RBM）と呼ばれるクラスの人工ニューラルネットワークを，変分原理に基づいて最適化を行うと，1 次元・2 次元の量子スピン系の基底状態を正確に表現できることを示した[49]．特に，2 次元系（正方格子上の反強磁性ハイゼンベルク模型）に関するエネルギーの精度は，テンソルネットワークにより計算されたものと同等以上のものが得られた．これをきっかけとして，強相関のフェルミオン系[50]，ボソン系[51]，物質中電子の第一原理計算[52,53] のように，長きにわたって物理学者を悩ませ続ける伝統的な問題から，カイラルスピン液体状態[54–56] や表面符号[57–59] のようなエキゾチックな状態まで，様々な量子多体系の状態表現に RBM が極めて有効であることが示されてきた．その要因には，巨視的な量子エンタングルメントを効率的に表現する能力[60] や，格子の形状に依存せず多体相関を記述できる点などが挙げられることが多い．他のネットワーク構造との関係拡張などを含めた詳しい議論については，第 4 章を参照されたい．

　基底状態シミュレーションの成功を受けて，人工ニューラルネットワークによる変分計算の枠組みを，励起状態・有限温度状態や非平衡状態などに拡張する試みも広がっている．例えば励起状態計算には，系の対称性を活用してそれぞれのセクター内部における最低エネルギー状態を計算する手法もあれば，固有状態間の直交性に着目して最適化を行う手法もある．詳しくは第 8 章を参照されたい．

1.3.3　原子・分子ポテンシャルの表現

　1.3.1 節，1.3.2 節では，物系の状態そのものを表現する研究を紹介したが，与えられたハミルトニアン（もしくはモデル）を解くことが最終目的である，という点が暗黙の前提であった．一方で，解析すべき有効ハミルトニアンもしくはポテンシャルを設計すること自体が難問になり得る場合もある．

　例えば，密度汎関数理論（density-functional theory, DFT）において，交換相関ポテンシャルと呼ばれる電子密度の汎関数は，多体電子問題を一体問題に帰着させる際に導入される有効ポテンシャルであるが，その汎関数の構築は科学者によって経験的になされているために，系統的な改善が困難であるという問題を抱えている．近年は，交換相関ポテンシャルを人工ニューラルネットワークなどの強力な非線形関数で表現して，近似精度の改善を図ろうという試みもなされるようになってきている[61,62]．

　材料分野で重要な手法として，原子もしくは分子の運動をシミュレーションするための分子動力学手法が挙げられるが，この手法において鍵になる物理量

の一つは原子が感じるポテンシャル（ポテンシャルエネルギー曲面）である．DFT を用いるとポテンシャルエネルギー曲面を比較的精度良く計算することができるが，数千原子，数万原子などが含まれる大規模系に DFT 計算を適用しようとすると計算が非常に重くなってしまう．そこで人工ニューラルネットワークを用いてポテンシャルエネルギー曲面を表現し，実験値もしくは第一原理的な計算結果を再現するように学習させる，というアプローチの研究が行われている[63–65]．このように構築されたポテンシャルは広く「機械学習ポテンシャル」と呼ばれ，少数原子から分子動力学[66]まで，幅広く活用が進められている[67]．

1.4　物理における機械学習（III）：その他の例

1.4.1　支配方程式の学習

前節で主に紹介したのは，興味のある系の振舞いを調べるための，いわば順問題的なアプローチであった．一方で，物理量の時間発展などの振舞いから逆問題的にハミルトニアンなどを求める手法も研究されている．有名な「ファインマン物理学」に登場する 100 種類の支配方程式を同定した "AI Feynman"[68]や，基底状態・量子状態のダイナミクスを学習した人工ニューラルネットワークによって，ハミルトニアンを推定する研究などが進められている[69–71]．

1.4.2　物理状態の制御・生成

興味深い物理状態を実験的に実現するためには，特定の条件・手続きが要求されるが，特に量子状態を対象とする際には，最適な制御手法は未知である場合が多い．人工知能によってゲーム操作や自動運転といった制御プロトコルを学習させる要領で，強化学習により最適な実験制御手法を構築できないか，という問題意識が生まれる．

例えば，関数系の限られた時間依存ハミルトニアンをうまく設計することで，所望の量子状態の実現を目指すことを考えよう．これは量子制御と呼ばれる分野における重要な課題の一つである．ブコフらは強化学習によって磁場の向きの 2 値制御を学習することで，非可積分な量子多体系の固有状態をほぼ最適に生成できると提案した[72]．他にも，連続自由度量子系の準安定状態[73]や，光量子計算において重要なフォック状態[74]に関する研究が進められている．

符号化された量子ビットにおけるノイズの影響を取り除く，量子誤り訂正もまた，最適制御方法を理論的に検証する術のない難問である．局所的な測定（シンドローム測定）の結果を通じて，大局的なエラー（論理エラー）の有無を判定したり精度の良い復元手法を構築できれば，**量子計算の精度を根本的に改善し得る**ため，理論・実験のいずれの側面からも興味深い応用である．これまでに教師あり学習[75]や強化学習[76,77]によってエラーの検出・復元を行う

手法が提案されており，実用性の検証などが今後の課題となっていくだろう．

1.4.3　量子機械学習

　研究手法として機械学習を用いるアプローチを重点的に紹介してきたが，機械学習のアルゴリズムを実行するハードウェアを根本的に変えてしまおうという一風変わった取り組みとして，**量子機械学習**と呼ばれる分野がある．根底にあるのは，量子計算機を用いて，線形方程式の求解や最適化を効率化できないか，という考えだ[78]．実際，誤り耐性のある量子計算機と量子データに関するランダムアクセスメモリが実現できれば，サポートベクトルマシンや主成分分析をはじめとしたアルゴリズムを指数的に高速化できることが示されている[79-81]．誤り耐性のない量子計算機においても，量子状態そのものを変分的な学習器とみなすことで機械学習タスクを実行でき[82]，特に量子系の状態の分類などにおいて有用であると考えられている．

第 2 章

量子多体系・量子多体波動関数

　量子多体系の解析は，物性物理分野のみならず，素粒子分野，原子核分野，量子化学分野にも共通する挑戦的な課題である．ここでは，本書の主題ともなっている量子多体物理について，物性物理の観点から説明を行う．

2.1　量子多体系とは

　量子力学に従う多数のミクロな粒子が相互作用する系を**量子多体系**と言う．最も身近な量子多体系の一つは，身の周りの物質（固体）であろう．物質中では，量子力学的自由度である電子が相互作用し合っている．電子は負に帯電しており，電荷の自由度を持っているほか，電子にはスピンと呼ばれる量子力学特有の自由度が存在する．結晶中では，正の電荷を持つ原子核が作るポテンシャルによって，電荷・スピンに加えて軌道の自由度（s 軌道, p 軌道, d 軌道, ...）が存在するが，本書では簡単のため主に電荷とスピンの自由度に着目することにする．

　電気を流す金属や，電気を流さない絶縁体，その中間領域にいる半導体などは，電子の持つ電荷の自由度の運動の性質によって分類されている（電気抵抗が小さいものが金属，大きいものが絶縁体）．また，電荷自由度のゲージ対称性が破れると**超伝導**と呼ばれる現象が発現し，電気抵抗がゼロになる．一方，スピン自由度間の相互作用によって起きる現象が**磁性**である．例えば，磁石の性質を示す強磁性は電子のスピンの向きが同一の方向に揃うことによって発現する．その他にも，スピンの向きが互い違いに配列した反強磁性や，スピンの向きが螺旋構造を取る螺旋磁性，トポロジカルに非自明な磁性構造も最近脚光を浴びている．このように，多数の自由度が絡み合うことで多彩な物性が発現する点が量子多体系の一つの魅力である．また，量子多体現象の背後に多体系特有の未知の法則が存在し得る点が基礎物理としても面白く，多くの科学者を惹きつけ続けている．

また，これらの量子多体現象は現代の科学技術を支える根幹ともなっている．すなわち，量子多体系を理解し，その法則を応用に繋げることができれば新しいデバイスに繋がり得るという点で，量子多体問題は応用面においても重要な課題なのである．

2.2 量子多体波動関数

量子多体系における粒子の運動は**量子多体波動関数**と呼ばれる多変数関数によって記述される．ここでは，量子多体波動関数を与える方程式と，その具体例をいくつか見ていこう．

2.2.1 量子多体問題と波動関数

時間依存する多粒子系のシュレーディンガー方程式を考える：

$$i\hbar\frac{\partial}{\partial t}|\psi(t)\rangle = \hat{\mathcal{H}}|\psi(t)\rangle. \tag{2.1}$$

ここで，$\hat{\mathcal{H}}$ はハミルトニアンと呼ばれ，系の全エネルギーを表す演算子である．本書では多くの場合，時間に陽に依存しないハミルトニアンを考える．系が定常状態である場合を考えると，量子状態は

$$|\psi(t)\rangle = e^{-iEt/\hbar}|\psi\rangle \tag{2.2}$$

と書き下すことができ（ここで E はエネルギー固有値），時間依存しないシュレーディンガー方程式

$$\hat{\mathcal{H}}|\psi\rangle = E|\psi\rangle \tag{2.3}$$

を得る．ヒルベルト空間を張る，ある正規直交基底 $\{|x\rangle\}$ でハミルトニアンや量子状態を展開すると，$\hat{\mathcal{H}} = \sum_{x,x'}|x\rangle\langle x|\hat{\mathcal{H}}|x'\rangle\langle x'|$, $|\psi\rangle = \sum_x |x\rangle\langle x|\psi\rangle$ となる．ハミルトニアンは行列表示され，その行列要素は $\mathcal{H}(x,x') = \langle x|\hat{\mathcal{H}}|x'\rangle$ と表される．また，$\psi(x) = \langle x|\psi\rangle$ を多体波動関数と呼ぶ．すると，式 (2.3) は

$$\sum_{x'}\mathcal{H}(x,x')\psi(x') = E\psi(x) \tag{2.4}$$

のように，行列 $\mathcal{H}$ の固有値，固有ベクトルを求める問題となり，その固有値が系の全エネルギー，固有ベクトルが波動関数となっている．

ハミルトニアンの固有状態の中でも最もエネルギーの低い状態を**基底状態**と呼ぶ．基底状態は絶対零度において最も安定な量子状態であり，低温にしていった際の系の性質を決定する．そのため数ある固有状態の中でも最も重要な量子状態といっても過言ではない．

2.2.2　量子多体ハミルトニアンの例

式 (2.3) に登場する量子多体ハミルトニアン $\hat{\mathcal{H}}$ の具体的な中身は，系を構成する粒子の種類や，ポテンシャル・相互作用の形状に依存する．そのため，ここでは，量子多体ハミルトニアンの例をいくつか挙げることでイメージを掴んでもらうこととしよう．

2.2.2.1　遍歴電子模型

2.1 節で述べたように，固体結晶中では，無数の数の電子（フェルミオン的粒子）が，原子核が作る周期ポテンシャルを感じながら運動している．その運動を記述するハミルトニアンがタイト・バインディング模型であり，ハミルトニアンは

$$\hat{\mathcal{H}} = -\sum_{ij} \sum_{\sigma} t_{ij} c_{i\sigma}^{\dagger} c_{j\sigma} \tag{2.5}$$

で与えられる．ここで $c_{i\sigma}^{\dagger}$ $(c_{i\sigma})$ は，i 番目のサイトにスピン σ の電子を生成（消滅）させる演算子で，t_{ij} は飛び移り積分の大きさである．その描像は，原子核による引力によって原子核の周りを運動している電子（その中心位置をサイトと呼ぶ）が，たまに隣の原子核の軌道に飛び移るというものである．実際の物質では，原子軌道には $s, p, d, \ldots$ というように，軌道の自由度が存在するが，ここでは簡単のために軌道自由度の存在は無視している．ただし，現実物質の物性を定量的に説明するための計算を行うときには軌道自由度を陽に取り込まないといけないことも多い．

さらに，実際の電子間にはクーロン相互作用による反発が働く．その長距離部分を無視して簡単化し，上記のように電子の軌道の自由度も無視したものが**ハバード模型**

$$\hat{\mathcal{H}} = -\sum_{ij} \sum_{\sigma} t_{ij} c_{i\sigma}^{\dagger} c_{j\sigma} + U \sum_{i} n_{i\uparrow} n_{i\downarrow} \tag{2.6}$$

として知られる（$n_{i\sigma} = c_{i\sigma}^{\dagger} c_{i\sigma}$ はサイト i の占有数を表す演算子）．各サイトにおける原子軌道の局在性が強く，オンサイトの電子間相互作用 U の効果が支配的になるような場合の物性を記述するためのミニマルな模型である（図 2.1）．一方で，オフサイトのクーロン相互作用により電荷密度波などの不安定性が存在するような物質に対しては，オフサイトのクーロン相互作用も取り込んだ拡張ハバード模型を考慮する必要があるであろう．

ハバード模型において各サイトの平均電子占有数が 1 の場合，電子間斥力 U が大きいところで電子が強い電子間斥力のために動けなくなり，局在して絶縁化することが予想される．このような状態をモット絶縁体といい，実際の物質でも観測されている．例えば，高温超伝導体として有名な銅酸化物超伝導体の母物質はモット絶縁体として知られる．

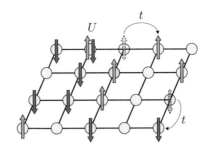

図 2.1　2 次元正方格子上のハバード模型の概念図．t は最近接サイト間のホッピングの大きさ，U はハバード斥力の大きさを表す[83]．

2.2.2.2　量子スピン模型

　電子のスピン自由度が相互作用する**量子スピン系**のハミルトニアンはハバード模型（式 (2.6)）の強結合極限（$U/t \gg 1$）から導出することができる．ホッピングパラメータのうち，多くの場合，最近接サイト間のホッピングが一番大きいので，その大きさを t とし，それ以外のホッピングを無視すると以下のハミルトニアンが得られる：

$$\hat{\mathcal{H}} = -t \sum_{\langle i,j \rangle} \sum_{\sigma} c_{i\sigma}^{\dagger} c_{j\sigma} + U \sum_{i} n_{i\uparrow} n_{i\downarrow} \tag{2.7}$$

（$\langle i, j \rangle$ は最近接サイトのペアを表す）．このハミルトニアンに対し，各サイトの平均電子占有数が 1 の場合の強結合極限（$U/t \gg 1$）を考えてみよう．上述のように，この場合，モット絶縁体状態となって，電子が持つ電荷・スピン自由度のうち（軌道自由度はこのハバード模型では考慮されていない），電荷自由度が凍結する．すなわち，各サイトで電子数が 1 に固定される．このような場合は，残ったスピンの自由度が相互作用する量子スピン模型が良い有効模型となることが考えられる．

　ハバード模型の強結合極限の有効模型である量子スピン模型は**ハイゼンベルク模型**として知られ，そのハミルトニアンは

$$\hat{\mathcal{H}} = J \sum_{\langle i,j \rangle} \boldsymbol{S}_i \cdot \boldsymbol{S}_j = \frac{J}{4} \sum_{\langle i,j \rangle} \left(\sigma_i^x \sigma_j^x + \sigma_i^y \sigma_j^y + \sigma_i^z \sigma_j^z \right) \tag{2.8}$$

で与えられる．$S_i^{\alpha} = \frac{1}{2}\sigma_i^{\alpha}$（$\alpha = x, y, z$）はスピン 1/2 の演算子であり，$\sigma_i^{\alpha}$ を各サイトのスピン状態の基底$\{|\uparrow\rangle_i, |\downarrow\rangle_i\}$で展開すると，パウリ行列となる．スピンは超交換相互作用 $J = \frac{4t^2}{U}$ によって相互作用する．

> ──幾何学的フラストレーション───────────────
>
> 　今後，人工ニューラルネットワーク手法を用いた量子スピン系の解析の記述をする際に，**幾何学的フラストレーション**というキーワードがしばしば登場するので，ここで簡単に説明しておく．幾何学的フラストレーションは，スピンが存在する格子の幾何学的構造や競合するスピン間相互作用

の効果によって，すべての相互作用によるエネルギー利得を同時に満たせないような状況（「あちらを立てればこちらが立たず」という状況）を指す．

　代表的な例として正三角形上に量子スピンが存在し，それらが反強磁性的な相互作用をする場合を考える（図2.2）．仮にスピンAとスピンBが反強磁性的になった場合，スピンA, C間とスピンB, C間が両方とも反強磁性的になることはできない．世の中には三角格子といって結晶中のある平面を取り出すと三角形が敷き詰められたような構造を持つ物質も多く存在するので，このような状況は決して非現実的ではない．その他にもカゴメ格子，パイロクロア格子など様々な幾何学的フラストレーションを示す格子構造がある．2次元正方格子上でも最近接の反強磁性相互作用 J_1 だけ考慮した場合はフラストレーションは存在しないが，次近接の反強磁性的相互作用 J_2 が存在する場合は，J_1 と J_2 が競合することで，フラストレーションの効果が生ずる．

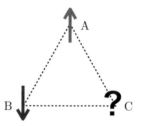

図 2.2 量子スピンにおける幾何学的フラストレーション効果の例．正三角形上の量子スピン間に反強磁性相互作用がある場合は，AB, BC, CA のスピン間をすべて反強磁性的にするようなスピン配置を取ることができない．

　幾何学的フラストレーションが着目を集める理由は，様々なスピン配置パターンのエネルギーが拮抗することで量子的な揺らぎが強くなり，スピンが絶対零度でも整列しない**量子スピン液体**という特殊な量子もつれ状態が安定化する可能性があるからである．相互作用が存在する場合，通常は絶対零度でスピンの向きが定まる（長距離秩序が発現する）のに対し，量子スピン液体はその秩序が"溶けて"なくなってしまった状態となる．量子スピン液体はその存在自体が非常に非自明なだけでなく，量子スピン液体状態において発現する分数化励起という現象が**量子計算**の実現にも役に立つかもしれないとして大きな着目を集めている．

2.2.2.3　電子格子結合模型

　ここまでは，結晶中の周期ポテンシャル中の電子の自由度に関する模型を考

えてきた．周期ポテンシャルは周期的に整列した原子核によって形成されるが，実際には固体中では原子核はわずかにその中心から振動している．原子核の位置が中心からずれると結晶の周期ポテンシャルが乱され，それによって電子が散乱される．そのような相互作用（電子格子相互作用）を陽に取り込んだ模型の一つに**ホルスタイン模型**がある．そのハミルトニアンは

$$\hat{\mathcal{H}} = -\sum_{ij}\sum_{\sigma} t_{ij} c_{i\sigma}^{\dagger} c_{j\sigma} + g\sum_i (n_{i\uparrow} + n_{i\downarrow})(b_i^{\dagger} + b_i) + \hbar\omega \sum_i b_i^{\dagger} b_i \quad (2.9)$$

と与えられる．$b_i^{\dagger}$, b_i は結晶中の格子振動の集団励起を量子化したフォノン（ボソン的な交換関係を示す）の生成消滅演算子，g と ω はそれぞれ電子格子相互作用の強さ，フォノンの周波数である．格子振動には音響モードや光学モードなど様々な種類があるが，ホルスタイン模型では光学フォノンが想定されており，その周波数の分散（波数依存性）がないと仮定されている．

電子格子相互作用の効果として，電子間に有効的な引力をもたらすことが知られている．電子が通るとその負の電荷によって，正の電荷を持つ原子核が引きつけられて格子が変形する．格子の変形のスピードは電子に比べて遅く，電子が飛び去った後も変形が残る．変形が起きた場所においては，変形がない場合よりも正の電荷が集まっているので，次に飛んできた電子が引力を感じるというものである．結晶中でこの電子格子相互作用による電子間の有効的な引力が働くとして，下で述べる BCS 波動関数が考案された．このことにより従来型超伝導体の超伝導発現機構が解明されるに至った．

以上，実際の固体結晶中の自由度の運動を記述する簡単化されたハミルトニアンをいくつか紹介した．その他にも，冷却原子系のように，人工的に作られる量子多体系もあれば，孤立分子なども量子多体系の舞台となっている．

2.2.3 量子多体波動関数の例

上記のように，量子多体ハミルトニアンは電子が持つ電荷・軌道・スピン自由度や格子自由度が様々に相互作用する様子を記述する演算子となっている．ここではスピン自由度が相互作用する模型を考え，それをもとにそのハミルトニアンの固有状態である量子多体波動関数がどのようなものかを見ていこう．

2.2.3.1 イジング模型

まずはイジング模型と呼ばれるスピン模型について考える．イジング模型は量子的なハミルトニアンではないが，次に考慮する量子的なハイゼンベルク模型との対比のために例示する．周期境界条件を持つ N 個の古典スピン $(\sigma_1^z, \sigma_2^z, \ldots, \sigma_N^z)$ $(\sigma_i^z = \pm 1)$ からなる 1 次元の反強磁性的なイジング模型のハミルトニアンは

$$\hat{\mathcal{H}} = \sum_{i=1}^{N} \sigma_i^z \sigma_{i+1}^z \tag{2.10}$$

と表される（$\sigma_{N+1}^z = \sigma_1^z$，スピン間の古典的な相互作用の大きさを 1 とした）.

簡単のため $N = 4$ の場合を考えよう. 4 つのスピンが取り得る状態のパターンは $2^4 = 16$ 通りであるため，ハミルトニアンの次元は 16 であるが，保存量が存在する場合は，保存量ごとにハミルトニアンがブロック対角化される. 保存量の一つとして，全スピンの z 成分 $(= \sum_i \sigma_i^z)$ が存在する. 全スピンの z 成分がゼロである部分空間（6 次元）を考えると，その部分空間を張る基底として，

$$\{|\sigma\rangle\} = (|\uparrow\uparrow\downarrow\downarrow\rangle, \; |\uparrow\downarrow\uparrow\downarrow\rangle, \; |\uparrow\downarrow\downarrow\uparrow\rangle, \; |\downarrow\uparrow\uparrow\downarrow\rangle, \; |\downarrow\uparrow\downarrow\uparrow\rangle, \; |\downarrow\downarrow\uparrow\uparrow\rangle) \tag{2.11}$$

を取ることができる. この基底を使ってハミルトニアンを行列表示すると，

$$\mathcal{H} = \begin{pmatrix} 0 & & & & & \\ & -4 & & & & \\ & & 0 & & & \\ & & & 0 & & \\ & & & & -4 & \\ & & & & & 0 \end{pmatrix} \tag{2.12}$$

となる. エネルギーの最も低い固有状態である基底状態は 2 重縮退しており（$|\uparrow\downarrow\uparrow\downarrow\rangle$ もしくは $|\downarrow\uparrow\downarrow\uparrow\rangle$），そのエネルギーは $E = -4$ となる. このように古典的なハミルトニアンの場合は，ハミルトニアンに非対角要素がなく，固有状態は複数のスピン状態の重ね合わせとならない.

2.2.3.2 ハイゼンベルク模型

イジング模型と対比して，量子的なハミルトニアンである**ハイゼンベルク模型**を考えよう（2.2.2.2 項も参照）. 再び 1 次元の N 個のスピンからなる系（境界条件は周期境界条件）を考えると，反強磁性的なハイゼンベルク模型のハミルトニアンは

$$\hat{\mathcal{H}} = \sum_{i=1}^{N} (-\sigma_i^x \sigma_{i+1}^x - \sigma_i^y \sigma_{i+1}^y + \sigma_i^z \sigma_{i+1}^z) \tag{2.13}$$

と表される[*1]. 2.2.2.2 項でも述べたが，演算子 $\sigma_i^x, \sigma_i^y, \sigma_i^z$ を各サイトのスピン状態を基底として行列表示するとパウリ行列となる.

[*1]　一般的に知られているハイゼンベルク模型の形は $\hat{\mathcal{H}} = \sum_i \left(\sigma_i^x \sigma_{i+1}^x + \sigma_i^y \sigma_{i+1}^y + \sigma_i^z \sigma_{i+1}^z \right)$ であるが，奇数番目のスピンの量子化軸の x, y 軸を z 軸まわりに 180° 回転（ゲージ変換）すると式 (2.13) のハミルトニアンの形が得られる. スピンの方向を定義する座標の取り方のルールを変えただけであるので，ゲージ変換前後のハミルトニアンは異なる形をしているものの，両者は等価である.

表 2.1 ハイゼンベルク模型に対するスピンの数 N と，全スピンの z 成分がゼロの部分空間でブロック対角化されたハミルトニアンの次元 D_N.

N	D_N
10	252
20	184756
30	155117520
40	137846528820
50	126410606437752

イジング模型の場合と同様に，$N = 4$ の簡単な場合を考え，全スピンの z 成分がゼロの部分空間の基底（式 (2.11)）で展開すると，ハミルトニアンは

$$
\mathcal{H} = \begin{pmatrix}
0 & -2 & 0 & 0 & -2 & 0 \\
-2 & -4 & -2 & -2 & 0 & -2 \\
0 & -2 & 0 & 0 & -2 & 0 \\
0 & -2 & 0 & 0 & -2 & 0 \\
-2 & 0 & -2 & -2 & -4 & -2 \\
0 & -2 & 0 & 0 & -2 & 0
\end{pmatrix} \tag{2.14}
$$

と行列表示される．基底状態波動関数 $\psi(\sigma) = \langle \sigma | \psi \rangle$ はこの行列の最低固有エネルギーを持つ固有ベクトルで表され，その成分は $\psi(\sigma) = \frac{1}{2\sqrt{3}}(1, 2, 1, 1, 2, 1)^T$ で与えられる．対応する固有エネルギーは $E = -8$ である．イジング模型の場合と違い，量子的なハミルトニアンであるハイゼンベルク模型では行列表示されたハミルトニアンが非対角成分を持ち，その固有状態は多数のスピン配置の重ね合わせとなる．この重ね合わせこそが量子もつれの本質である．

上記の例は 4 つのスピンからなる小さな系（$N = 4$）を考えたが，ハイゼンベルク模型が有効的なハミルトニアンとなるようなモット絶縁体などの実際の物質においては，膨大な数のスピンが相互作用し合っている．そのため，現実の量子多体現象を記述するには，N が大きい場合の振舞いを知る必要がある．

それでは N（N は偶数の場合を考える）を増やしていくと，ハミルトニアンの次元（全スピンの z 成分がゼロの部分空間の次元）D_N はどう変化するかを見てみよう．その大きさは $D_N = {}_N\mathrm{C}_{N/2}$ で与えられ，表 2.1 のように変化する．その大きさは N に対して指数関数的に増大していく．そのため，数値的な厳密対角化によって基底状態を求めることができるのは，N が 40–50 程度が限度である．N が大きい領域の基底状態は，指数関数的に大きな数の異なるスピン配置の重ね合わせで表され，それによって非自明な量子もつれが発現する．

2.2.4 量子多体波動関数に対する有名な洞察

上記のハイゼンベルク模型でも議論したように，量子多体問題が与えられたとき（あるハミルトニアンが指定されたとき），系のサイズが大きいと，一部の解析的な厳密解が知られている特殊な例外を除き，厳密なハミルトニアンの固有状態を得ることはできない．しかしながら，ハミルトニアンの固有状態がわかってしまえば，定常状態の性質を説明することができるため，いかに固有状態を正確に記述できるかが重要な問題になる．

実際，これまで多体波動関数に対する人間の優れた洞察がこれまで量子多体系の理解に革新をもたらしてきた．その例をいくつか簡単に紹介したい．

2.2.4.1 BCS 波動関数

BCS 波動関数は，フェルミ準位近傍の電子に対して有効的な引力が働くとするハミルトニアンに対する基底状態に対して，バーディーン，クーパー，シュリーファーによって 1957 年に提案されたものである[84]．BCS という名前の由来は，3 人の頭文字となっている．波動関数は，$u_{\bm{k}}, v_{\bm{k}}$ を変分パラメータとして，

$$|\psi_{\mathrm{BCS}}\rangle = \prod_{\bm{k}} \left(u_{\bm{k}} + v_{\bm{k}} c^{\dagger}_{-\bm{k}} c^{\dagger}_{\bm{k}} \right) |0\rangle \tag{2.15}$$

と表される．この波動関数は，2.1 節で紹介した**超伝導**現象の理解に大きく貢献した．この業績により，バーディーン，クーパー，シュリーファーの 3 人は 1972 年にノーベル物理学賞を受賞している．

2.2.4.2 RVB 波動関数

フィリップ・アンダーソン（1977 年ノーベル賞受賞）によって提案された**RVB 波動関数**（RVB は resonating valence bond の略）は，三角格子上のスピン 1/2 の反強磁性ハイゼンベルク模型の基底状態の候補の一つとして提案されたものである[85]．通常の反強磁性体では，絶対零度において，スピンの向きが整列してスピンの長距離秩序が発現している．この状態は，スピンの向きが定まったスピンの "固体" 状態とも捉えることができる．しかし，スピンの量子揺らぎが強くなるような条件下において，スピンの向きが絶対零度においても量子的に揺らぎ，スピンの長距離秩序が消失するような特殊な状態が実現する可能性がある．スピンの固体における長距離秩序が "溶けた" 状態ということで，**量子スピン液体**と名前が付けられている．RVB 波動関数はこの量子スピン液体を記述する波動関数のうちの一つで，その表現方法の一つにフェルミオン波動関数をスピン系のヒルベルト空間にマップしたもの

$$|\psi_{\mathrm{RVB}}\rangle = P_{\mathrm{G}} \left(\sum_{i,j} f_{ij} c^{\dagger}_{i\uparrow} c^{\dagger}_{j\downarrow} \right)^{N/2} |0\rangle \tag{2.16}$$

がある．f_{ij} は変分パラメータ，P_G は，グッツウィラー因子（フェルミオンの二重占有を禁止し，スピン空間にマップするための因子）である．

2.2.4.3 ラフリン波動関数

ラフリン波動関数は，ロバート・B・ラフリンによって 1983 年に提唱された，一様磁場下の 2 次元電子ガスの基底状態に対する試行波動関数である[86]．波動関数は，

$$\psi_{\text{Laughlin}}(z_1, \ldots, z_N) = \prod_{i>j} (z_i - z_j)^m \exp\left[-\frac{1}{4l_B^2} \sum_i |z_i|^2 \right] \quad (2.17)$$

と与えられる（規格化因子は簡単のため無視した）．ここで，$z_i = x_i + iy_i$，m は奇数の整数，$l_B = \sqrt{\frac{c\hbar}{eB}}$ は磁気長である．この試行波動関数は $\nu = 1/m$ の**分数量子ホール効果**に対する理論的説明を与えた．ラフリンは 1998 年にノーベル物理学賞を受賞している．

ここでは，BCS，RVB，ラフリン波動関数について簡単に紹介した．説明不足の点も多いと思うが（それぞれの詳細は専門書を参照されたい），ここで伝えたかった点は，量子多体現象を記述する良い波動関数の構築はノーベル賞級の功績であるということである．

2.3 量子多体波動関数に対する数値手法

以上，非自明な量子もつれの発現による多彩な量子多体現象が科学者を魅了し続けている量子多体系の記述には，量子多体ハミルトニアンの解である量子多体波動関数が本質的な役割を果たすことを見てきた．量子多体波動関数の中には，多数の自由度が複雑に絡み合う非自明な量子もつれが組み込まれており，量子状態は，指数関数的に大きな数の自由度配置のパターンの重ね合わせとして記述される（2.2.3.2 項参照）．そのため，厳密な波動関数を数値的に求めようとすると，その計算コストは自由度の数に対して指数関数的に増大してしまう．自由度の数が大きい場合，厳密解が解析的に知られている稀有な例外を除いて，量子多体波動関数を厳密に求めることはできない．

そのため，自由度の数が多い量子多体系の解析は何かしらの近似や統計的手法を用いた解析が行われることとなる．有名な近似手法として，**平均場近似**が挙げられるが，量子揺らぎの効果が強くなるような非自明な量子多体問題の場合，平均場近似を超えた計算が求められる場合が多い．量子多体問題が難問とされている所以である．

本書は，この難問にどう立ち向かうか，という点がメインテーマとなる．2.2.4 節では，人間の優れた洞察が難問を解き明かす上で本質的な役割を果たしてきたことを見てきた．しかしながら，多彩な量子多体物性を定性的のみな

らず定量的に理解するには，人の物理的洞察に頼った手法だけでは限界がきている．そのため，ハミルトニアンの形が単純であっても，その性質や相図が未解決である量子多体問題が数多く存在する．例えば，ドープしたハバード模型の基底状態は未解決で，超伝導状態になるのか，はたまた，ストライプと呼ばれる電荷とスピンが空間的に変調した状態になるのか，論争が続いている．

この状況を打破するには，量子多体波動関数を精度良く計算することができ，かつ，系の自由度の数に対して多項式時間に計算コストが収まる強力な数値手法の開発が重要になってくる[*2]．実際，近年の計算機能力の進歩に伴って，数値手法の発展も急速に進んできている．

強力な数値手法の一つに，量子多体問題の定式化（例えば経路積分）で生じる多次元積分をモンテカルロ法によって数値的に求める手法である**量子モンテカルロ法**がある[*3]．量子モンテカルロ法の長所として，後述する負符号問題などの困難を取り除くことができる場合に，系の全エネルギーや相関関数などの物理量をエラーバーの範囲内で厳密に推定できることが挙げられる．そのため，例えば，幾何学的フラストレーション効果のない量子スピン系など，一部の量子多体ハミルトニアンの性質を調べる上で，非常に強力な手法となっている．しかしながら，量子モンテカルロ法にも弱点が存在し，量子系特有の困難として最もよく知られているのが**負符号問題**である．これは量子系特有の交換関係などが起因して，多次元積分を計算する際のモンテカルロサンプリングの重みを常に正の値に取ることができず，負の値の重みを持つサンプリングが生じてしまうことを指す．負符号を持つサンプルの存在が避けられない場合，系のサイズの増大などに伴って，負の重みのサンプルの割合は正の重みのサンプルの割合とどんどん拮抗するようになり，正の重みのサンプルと負の重みのサンプルの和で求められる真の積分値の計算が困難になってしまう（真の値の正確な計算には指数関数的に計算コストが増大してしまう）．量子スピン系でも幾何学的フラストレーション効果が存在する場合や，（特殊な例外[*4]を除いた）フェルミオン系などにおいては，負符号問題が生じ，それらの系に対しては適用が困難になってしまう．

このような負符号問題の影響をあらわに受けることのない手法として，高々多項式個の変分パラメータで記述される関数形で量子多体系の固有状態波動関数を近似する**変分法**（詳しくは第5章を参照）がある．このようにして構築された波動関数を**変分波動関数**（もしくは試行波動関数）と呼ぶ．変分法は，変分波動関数のエネルギー期待値が厳密な基底状態のエネルギーよりも低くなることがないという**変分原理**に基づいた手法である．負符号問題の影響をあ

[*2]　量子多体波動関数を直接扱う波動関数手法に対して，密度を基本変数とする**密度汎関数理論**に基づいた多体計算手法も提案されているが本書では扱わない．

[*3]　量子モンテカルロ法に対する最近の教科書（例えば文献[87,88]）も参照されたい．

[*4]　例えば，電子正孔対称性のあるハーフフィリングのハバード模型など．

らわに受けることはないため，量子モンテカルロ法が適用困難な系にも適用が可能になるが，量子モンテカルロ法のように数値的に厳密な結果が得られるわけではない．この手法における計算精度は，変分波動関数の出来に依存する．例えば，基底状態を近似する場合，変分波動関数のエネルギー期待値が低いほど，計算精度が上がることが期待される．精度のよい変分波動関数を構築するために開発されてきた手法として，**変分モンテカルロ法**（variational Monte Carlo method, VMC 法）[89–92] や**密度行列繰り込み群**（density matrix renormalization group, DMRG）[45,93] を含む**テンソルネットワーク法**[94,95] などが存在する[*5]．

　近年，量子多体波動関数の構築に**機械学習**を応用しようという新たな試みが始まっている．機械学習分野で使われる**人工ニューラルネットワーク**が持つ柔軟な表現能力を用いれば，複雑な量子多体波動関数をもうまく記述できるのではないか，という期待に基づき，人工ニューラルネットワークによって変分波動関数を構成する．よって，この試みは大別すると上述の変分法に属する．別の見方をすると，機械学習によって実行される "膨大なデータからその本質的なパターンを抽出する" タスクを，量子多体系に適用し，本質的な量子相関を学習する試みとも言える．これまで人間の脳によって構築されることの多かった変分波動関数構築を，"機械の脳" に置き換えることによって，これまで思いもよらなかった非自明な物理が明らかになる可能性もある．次章以降，この量子多体問題に対する機械学習という新たな研究の流れを紹介していく．

[*5] 本ライブラリの「テンソルネットワークの基礎と応用─統計物理・量子情報・機械学習」（西野友年著，2021 年（電子版：2024 年））も是非参照されたい．

第 3 章
人工ニューラルネットワーク

　機械学習のタスクを遂行する上で，しばしば用いられるのが，人間の脳の生体ニューロンを模したユニットから構成される数理モデルである人工ニューラルネットワークである．ここでは，いくつかの人工ニューラルネットワークを紹介し，それぞれの特性について議論する．

3.1　オーバービュー

　人工ニューラルネットワークは，生物の神経回路網を数理モデル化することで，高度な情報処理を行おうというアイデアの下で提案された．多層化された複雑なネットワークに基づいた演算である「**深層学習**」は，成功に至るまでには「ブーム」と「冬の時代」を幾度か経験したのち，世界を席巻する最先端の情報処理技術の一つに数えられるまで成熟してきた．その適用例としては，画像/音声認識[96,97]，機械翻訳[98]，自動運転[99,100]，医療診断[101,102]など枚挙にいとまがない．

　人工ニューラルネットワークの活用方法は，便宜的に 2 つに分けられて説明されることが多い．データに対応する離散的なラベルを求める「識別モデル」と，データに固有の構造・分布をモデリングすることを目的とした「生成モデル」である（表 3.1）．例えば画像認識や医療診断などは，物体や病状などを「識別」するために，与えられた画像などのデータに対応するラベルを分類する

表 3.1　識別モデルと生成モデルの比較.

モデル	ネットワーク例	応用分野	主な動作原理
識別モデル	多層パーセプトロン（MLP） 畳み込み NN（CNN）	画像/音声認識 医療診断	順伝播（決定的）
生成モデル	ボルツマンマシン 自己符号化器[103] 敵対的生成ネットワーク[104]	機械翻訳 推薦システム	順伝播（決定的） サンプリング（確率的）

ような数理モデルの構築が必要とされる．のちに説明する，**多層パーセプトロン**や**畳み込みニューラルネットワーク**が特に有名だろう．後者の生成モデルとは，データを低次元表現した確率分布から，新たなデータを生成することを目的として設計された数理モデルの総称である．比較的シンプルかつ確率分布の関数形を解析的にも書き下しやすい**ボルツマンマシン**や，深層ニューラルネットワークの事前学習を大きく効率化する**自己符号化器**などが含まれる[*1]．

　本章では，識別モデルと生成モデルのうち，代表的なネットワーク構造およびその演算規則を紹介する．前者における演算規則とは，入力 x に対応する多次元の出力 $y(x)$ を決定する計算処理を指し，後者においては入力 x に対応する実現確率（もしくはその重み）$p(x)$ を計算する手続きを指すことにしよう．一見すると両者は非常に近いようであるが，3.4 節において議論するように，前者は所与の入力の存在を前提としている一方で，後者はデータ空間全休をサンプリングすることを目的としている．この違いは，それぞれのパラメータを最適化するための代表的な学習手法である，教師あり学習と教師なし学習の考え方を導入することで，より明瞭に理解できるだろう．

3.2　識別モデル（とその動作原理）

　本節では，人工ニューラルネットワークに基づいた**識別モデル**の中でも，最もシンプルかつ歴史の深い深層ニューラルネットワークの一つである**多層パーセプトロン**（multilayer perceptron, MLP）[*2]と，画像認識において既存手法に対して圧倒的な成功を収めた**畳み込みニューラルネットワーク**（convolutional neural network, CNN）を導入しよう．

3.2.1　多層パーセプトロン

　端的に言えば，**多層パーセプトロン**とは，図 3.1(a) に黒丸で示されたパーセプトロン（人工ニューロン，隠れニューロンとも呼ばれる）による非線形演算を，図 3.1(b) のように幾重にも連ねたものである．

3.2.1.1　最小単位：パーセプトロン

　多層パーセプトロンの基礎単位である**パーセプトロン**は，N 次元の入力 $x = (x_1, \ldots, x_N)$ に対して

$$y(x) = \mathcal{N} \circ \mathcal{L}(x) \tag{3.1}$$

[*1]　もちろん，原理的には，識別モデルをあえて生成モデルのように用いる（もしくは生成モデルを識別モデルとして用いる）ことも可能であり，適用する問題にも依存することを考えると，絶対的な分類基準が存在するわけではない．

[*2]　他のクラスの基礎となる点および最も素朴な作りであることから，口語的に「バニラ」ニューラルネットワークと呼ばれることもある．

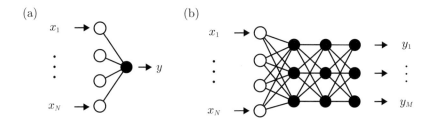

図 3.1 パーセプトロンと多層パーセプトロンの概念図. (a) 基礎単位であるパーセプトロンは，入力に対して線形演算と非線形演算をそれぞれ一度実行したものを出力する. (b) 多層パーセプトロンは，パーセプトロンを層状に重ねたものであり，線形演算と非線形演算を幾度も繰り返す.

のように線形演算 $\mathcal{L}$ と非線形演算 $\mathcal{N}$ を順に作用させるような関数である. より詳しく言えば，その動作原理は以下のようにまとめられる.

パーセプトロンの演算規則

Step 1. 入力 x に対する線形演算

それぞれの要素に関する重み W_i とバイアス b を用いて，中間出力を

$$z = \sum_i W_i x_i + b$$

のように計算する.

Step 2. 中間出力 z に対する非線形演算

中間出力 z に対し，非線形演算 $\mathcal{N}$ を用いて，最終出力を

$$y(\boldsymbol{x}) = \mathcal{N}(z) = \mathcal{N}\left(\sum_i W_i x_i + b\right)$$

のように計算する.

非線形演算 $\mathcal{N}$ はしばしば**活性化関数**と呼ばれる. 形式的には，活性化関数にはどのようなものを採用してもよいが，実用的には次のような ReLU (rectified linear unit) と呼ばれる関数や，その拡張・改良形 (leaky ReLU) を用いることが多い[*3]：

$$\mathcal{N}(z) = \max(z, 0) \quad \text{(ReLU)}, \tag{3.2}$$

$$\mathcal{N}(z) = \begin{cases} z \ (z \geq 0) \\ az \ (z < 0) \end{cases} \quad \text{(leaky ReLU)}. \tag{3.3}$$

[*3] パーセプトロンの原型はステップ関数を活性化関数として用いており，ここで紹介しているパーセプトロンはこの観点では "真" のパーセプトロンではない. ただし，多層パーセプトロンは最も単純なニューラルネットワークを指す用語として使用されており，そこにおいては任意の活性化関数が使用される.

leaky ReLU の $z < 0$ における傾き a は，パラメータとして学習時に更新することもできる．ReLU が有効であることが発見される以前には，シグモイド関数と総称される活性化関数の一群，特にロジスティック関数 $\mathcal{N}(x) = 1/(1 + e^{-x})$ や双曲線正接関数 $\mathcal{N}(x) = \tanh(x)$ が主要な選択肢であった．

3.2.1.2　多層パーセプトロンの動作原理

MLP とは，パーセプトロンを層状に配置することで，高次元の非線形演算を行うような機械である．ここで，層とは，図 3.1(b) に示されたような，縦一列に並んだパーセプトロンの集合を指す．図より明らかなように，l 番目の層は，$l-1$ 番目の層の中間出力を受け取る構造になっている．このように，計算が左から右へ「伝播」していくようなクラスのニューラルネットワークは，「**順伝播型ニューラルネットワーク**」と呼ばれることもあり，次小節で導入する畳み込みニューラルネットワークも含まれている．

ある $\boldsymbol{x}$ を，異なるパラメータを持つ 1 層目の $N_{\mathrm{h}}^{(1)}$ 個のパーセプトロンに入力すると，$N_{\mathrm{h}}^{(1)}$ 次元配列 $\boldsymbol{z}^{(1)} = (z_1, \ldots, z_{N_{\mathrm{h}}^{(1)}})$ が得られる．つまり，パーセプトロンを多数用いることで，高次元の演算を表現することが可能になる．さらに，$\boldsymbol{z}^{(1)}$ を新たに別のパーセプトロンへの入力とみなして

$$\boldsymbol{z}^{(2)} = \mathcal{N}_2 \circ \mathcal{L}_2(\boldsymbol{z}^{(1)}) = \mathcal{N}_2 \circ \mathcal{L}_2 \circ \mathcal{N}_1 \circ \mathcal{L}_1(\boldsymbol{x}) \tag{3.4}$$

を考えることもできることに着目しよう．このような演算を繰り返し実行すると，

$$\boldsymbol{y} = \mathcal{N}_L \circ \mathcal{L}_L \circ \cdots \circ \mathcal{N}_1 \circ \mathcal{L}_1(\boldsymbol{x}) \tag{3.5}$$

のような計算が可能になる．ここで，繰り返し実行の数 L は，図 3.1(b) におけるパーセプトロンの層の数と対応している．演算結果に入出力の値をあらわに含まないような，中間的な処理を行う層は一般に「隠れ層」と呼ばれるが，その数が $L \geq 2$ であるようなものは「深層」ニューラルネットワークと呼ばれている．MLP の動作原理をまとめると以下のようになる．

多層パーセプトロン（MLP）の演算規則

Step 0. ネットワーク構造の設定

隠れ層の数，各層に配置するパーセプトロン（隠れニューロン）の数，活性化関数の種類を決定する．

Step 1. 入力に対する演算

入力 $\boldsymbol{x}$ に対して，中間出力を

$$\boldsymbol{z}^{(1)} = \mathcal{N}_1 \circ \mathcal{L}_1(\boldsymbol{x})$$

のように計算する．これは，成分ごとに書けば，

$$z_j^{(1)} = \mathcal{N}_1 \left(\sum_i W_{ji}^{(1)} x_i + b_j^{(1)} \right)$$

となる.

$$\vdots$$

Step l. 中間出力 $z^{(l-1)}$ に対する演算

$l-1$ 層目の中間出力 $\boldsymbol{z}^{(l-1)}$ を用いて,l 層目の中間出力を

$$\boldsymbol{z}^{(l)} = \mathcal{N}_l \circ \mathcal{L}_l(\boldsymbol{z}^{(l-1)})$$

のように計算する.これは,成分ごとに書けば,

$$z_j^{(l)} = \mathcal{N}_l \left(\sum_i W_{ji}^{(l)} z_i^{(l-1)} + b_j^{(l)} \right)$$

となる.以上を最終層に到達するまで繰り返す.最終層の出力 $\boldsymbol{z}^{(L)}$ が MLP の出力 $\boldsymbol{y}$ となる.

各隠れ層における計算コストは,各層におけるパーセプトロン(隠れニューロン)の数 $N_{\mathrm{h}}^{(l)}$ を用いて $\mathcal{O}(N_{\mathrm{h}}^{(l)} N_{\mathrm{h}}^{(l-1)})$ と与えられる.したがって,パーセプトロンの数が一様に N_{h} 個であるような,L 層の MLP に関して,出力を得る(情報を順伝播させる)のに必要な計算コストは $\mathcal{O}(L N_{\mathrm{h}}^2)$ となる.

後述するように,人工ニューラルネットワークを学習させる際には,コスト関数を最小化するように $W_{ji}^{(l)}$,$b_j^{(l)}$ を更新する.特に勾配ベースで学習を実行する際には,コスト関数に関する微分の情報が必要になる.一見すると,深い層の勾配を計算するためには,浅い層における勾配を反映するように連鎖律を何度も用いねばならず,途轍もない計算量が必要なように思える.実は,コスト関数と活性化関数 $\mathcal{N}_l$ をうまく選べば,順伝播と同じ計算量オーダーで勾配計算を実行できることが知られている.この手法は誤差逆伝播法(back propagation, 3.4.1.2 項参照)と呼ばれ,深層学習の実用性を担保する上で,非常に重要な概念である.

3.2.2 畳み込みニューラルネットワーク

前小節で導入した MLP では,隣接する層のニューロンの間にはすべて結合が存在することから,入力データの成分を入れ替えたものを改めて

$$\boldsymbol{x}' = (x_{\sigma(1),\dots,\sigma(N)}) \quad (\sigma: N \text{ 成分の巡回})$$

と定義し直しても,原理的には同等の結果が得られることが期待される.

確かに,興味のあるデータが,位相空間上において一様に分布するような場合であれば,等方的な構造を仮定して差し支えないかもしれない.一方で,コンピュータ科学者は,情報処理の応用上意義のあるデータには大きな偏りがあ

ること，また，その性質を活用することで情報処理の精度を大きく向上できることに気がついた．最も顕著な例が，画像認識における**畳み込みニューラルネットワーク**（CNN）の提案[105,106]であり，MLPとの差別化を担うのが，畳み込みおよびプーリングと呼ばれる操作である．例として，d 次元配列に対して畳み込み演算と最大プーリング演算を行うような CNN の演算規則を以下にまとめた．ただし，最終層に関しては，通常の画像認識においてよく採用されているように，全結合ネットワークを考えている[*4]．

畳み込みニューラルネットワーク（CNN）の演算の例

Step 0. ネットワーク構造の設定

　隠れ層の数，各層に配置するニューロンの数，活性化関数の種類，畳み込みカーネル（フィルタ）のパラメータなどを決定する．ここでは簡単のためチャネル数が 1 つの場合を想定して記述を行う．複数のチャネルを考慮する場合は，以下の式に登場する中間出力 $\boldsymbol{Z}^{(l)}$ やネットワークのパラメータ $K_{m_1,\ldots,m_d}^{(l)}$, $b^{(l)}$ がチャネルの脚を持つこととなる．

Step 1. 畳み込み層における演算

　d 次元配列として与えられた入力 $\boldsymbol{X}$ に対して，畳み込み処理を行ったのちに非線形演算を作用させ，中間出力 $\boldsymbol{Z}^{(1)}$ を得る：

$$Z_{i_1,\ldots,i_d}^{(1)} = \bigl(\mathcal{C}(\boldsymbol{X})\bigr)_{i_1,\ldots,i_d}$$
$$= \mathcal{N}\left(\sum_{m_1,\ldots,m_d \in \mathcal{R}^{(1)}} K_{m_1,\ldots,m_d}^{(1)} X_{i_1+m_1,\ldots,i_d+m_d} + b^{(1)}\right).$$

ここで，$K_{m_1,\ldots,m_d}$ は畳み込みカーネル（フィルタ）とも呼ばれ，d 次元データにおいて $(i_1,\ldots,i_d)$ で指定される位置周辺の局所的な情報を抽出するためのパラメータとなっている．そのため，カーネル $K_{m_1,\ldots,m_d}^{(1)}$ はすべての入力成分に対して結合を持つわけではなく，$\mathcal{R}^{(1)}$ で指定される領域内の局所的な結合が考慮される．また，$b^{(1)}$ はバイアス，$\mathcal{N}$ は活性化関数である．

Step 2. プーリング層における最大プーリング演算

　d 次元配列として与えられる Step 1 の演算結果に対して，中間出力 $\boldsymbol{Z}^{(2)}$ を

$$Z_{i_1,\ldots,i_d}^{(2)} = \bigl(\mathcal{P} \circ \mathcal{C}(\boldsymbol{X})\bigr)_{i_1,\ldots,i_d}$$
$$= \max_{m_1,\ldots,m_d \in \mathcal{R}^{(2)}} Z_{i_1+m_1,\ldots,i_d+m_d}^{(1)}$$

[*4]　例えば，シモニャンとジサーマンによって提案された，VGG（名前は開発したグループの名前 Visual Geometry Group に由来する）と呼ばれる全 16 層からなるネットワーク構造では，2 もしくは 3 層の畳み込み層ののちにプーリング層を配置する構成を繰り返し，最終的にはソフトマックス関数を活性化関数として持つような全結合層から構成されている[107]．

のように計算する．すなわち，$(i_1, \ldots, i_d)$ で指定される位置周辺の領域（$\mathcal{R}^{(2)}$ で指定される）に含まれる $\boldsymbol{Z}^{(1)}$ の成分の最大値を抽出する．

$$\vdots$$

Step l. 畳み込み演算/最大プーリング演算

$l-1$ 層目の中間出力 $\boldsymbol{Z}^{(l-1)}$ に対して演算 $\mathcal{C}$ もしくは $\mathcal{P}$ を実行し，l 層目の中間出力 $\boldsymbol{Z}^{(l)}$ を得る．

$$\vdots$$

Step L. 全結合層による演算

$L-1$ 層目の中間出力 $\boldsymbol{Z}^{(L-1)}$ に対して，全結合ネットワークによる処理を行い，最終出力 $\boldsymbol{Y}$ を得る．

3.3 生成モデル（とその動作原理）

生成モデルの中でも，入力を用いて「エネルギー」と便宜上呼ばれるスカラー量によって尤度や確率分布を特徴付けるようなモデルを，「エネルギーベースのモデル」と呼ぶ．本節では，そのようなモデルの中で最もよく知られたモデルの一つである，ボルツマンマシンを導入しよう．

3.3.1 ボルツマンマシン

ボルツマンマシンは，データ空間を構成する自由度である可視ユニット $v = (v_1, \ldots, v_N)$ に加えて，隠れユニットと呼ばれる余剰自由度の組 $h = (h_1, \ldots, h_M)$ を導入し，相互作用によるエネルギー $E(v, h)$ を用いて，v に関する確率分布を与える：

$$p(\boldsymbol{v}) = \frac{\sum_h e^{-E(v,h)}}{Z}. \tag{3.6}$$

ここで，規格化定数である $Z = \sum_{v,h} e^{-E(v,h)}$ は，v, h の取り得る値に関して和（もしくは積分）を取ったもので，分配関数と呼ばれる．式 (3.6) で考えられているエネルギーは，あくまで確率分布を定めるために便宜上定義したものであるが，表式自体はカノニカル分布におけるボルツマン重みとみなすことができる．このように，ボルツマンマシンという名前は，統計物理学におけるボルツマン重みの概念に由来している．

特に，可視・隠れユニットのそれぞれが 2 通りの状態を取るようなボルツマンマシンを扱うことにしよう．本書では，その 2 つの状態の値を $v_i = \pm 1$，$h_j = \pm 1$ と定義する[*5]．物理への応用を議論する際には，代表的な自由度であるイジングスピンと同一視すると議論の見通しが良くなることから，本書で

[*5] 可視・隠れユニットの状態の値を $v_i = 0, 1$，$h_j = 0, 1$ と定義する場合もある．

は以下，それぞれ可視スピン・隠れスピンと呼ぶ．また，N 個のスピンの値すべてが定まったものを可視スピン配置などと呼ぶことにする．

最もシンプルなボルツマンマシンとして，エネルギー関数に 2 体相互作用を採用しているものが挙げられる：

$$E(v, h) = -\sum_{i,j} W_{ij} v_i h_j - \sum_{i,i'} W_{ii'}^{(\mathrm{v})} v_i v_{i'} - \sum_{j,j'} W_{jj'}^{(\mathrm{h})} h_j h_{j'}$$
$$- \sum_i a_i v_i - \sum_j b_j h_j. \tag{3.7}$$

ここで，a_i と b_j はそれぞれ可視スピン，隠れスピンに対する局所磁場（機械学習分野ではバイアスと呼ばれることもある），W_{ij} は可視スピンと隠れスピンの間のイジング型相互作用，$W_{ii'}^{(\mathrm{v})}$ と $W_{jj'}^{(\mathrm{h})}$ はそれぞれ可視スピンどうし，隠れスピンどうしのイジング型相互作用である．a_i や b_j が有限の実数値を取ると，アップスピンとダウンスピンの間の対称性が破れ，どちらかの状態を優先的に取りやすくなる．各スピンをノード，有限の値を持つ相互作用をエッジとみなすと，グラフが定義できるが，これはボルツマンマシンの構成を図示するためによく用いられている．例えば図 3.2(a) には，すべてのスピンが相互作用する場合のグラフ（いわゆる全結合型）を示した．

最後に，一般のボルツマンマシンに関して，あるスピン配置 v の重み $w(v)$ を計算する手続きをまとめておこう（簡単のため規格化因子は省略している）．

ボルツマンマシンの演算規則

Step 0. ネットワーク構造・パラメータの設定

　エネルギー関数 $E(v, h)$ の表式や隠れスピンの数を決定する．パラメータの値は，教師なし学習などによる最適化が実行されることが多い．

Step 1. 重み $\widetilde{w}(v, h)$ の計算

　ある可視スピン配置 v が与えられたとき，すべての隠れスピン配置 h に関してエネルギー関数の値を計算することで，重み $\widetilde{w}(v, h) = \exp(-E(v, h))$ を得る．

Step 2. 重み $w(v)$ の計算

　可視スピンおよび隠れスピンから構成される系のボルツマン重み $\widetilde{w}(v, h)$ に対して，隠れスピンの配置 h に対してのみ和を取る．このとき，それぞれの可視スピン配置 v に関する重みが

$$w(v) = \sum_h \widetilde{w}(v, h)$$

のように得られる．一般に重み $w(v)$ の解析的な表式を得るためには，隠れスピンの数 M に関して指数的な計算量が必要となる．

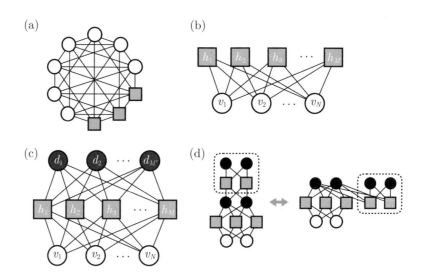

図 3.2　2 体相互作用により定義されるボルツマンマシンの概念図. (a) 全結合型の
ボルツマンマシン. 丸と四角はそれぞれ, 可視スピンと隠れスピンを表す.
(b) 制限ボルツマンマシン（RBM）. 相互作用が可視–隠れスピン間のみに
制限されている. (c) 深層ボルツマンマシン（DBM）. 隠れスピンに加えて,
さらに深層スピン（黒丸）からなる層が追加されている. (d) 深層化された
ボルツマンマシンの中でも, 隣接層の間でのみ相互作用を持つものに関して
は, (c) で描かれているような, 隠れ層が二層の構造に帰着させることがで
きる.

3.3.2　制限ボルツマンマシン

　ボルツマンマシンの中でも, エネルギー関数が次のような 2 体相互作用に
よって表されるものを考える：

$$E(v, h) = -\sum_i a_i v_i - \sum_{i,j} W_{ij} v_i h_j - \sum_j b_j h_j. \tag{3.8}$$

ここで, a_i と b_j は可視スピン, 隠れスピンに対する局所磁場（機械学習分野
ではバイアスと呼ばれることもある）, W_{ij} は可視スピンと隠れスピンの間の
イジング型相互作用である. 図 3.2(b) のようにグラフとして図示すると明ら
かなように, この場合では可視スピンどうしや隠れスピンどうしの相互作用は
存在しない. このように相互作用の範囲に制限があることから, **制限ボルツマ
ンマシン**（restricted boltzmann machine, RBM）と呼ばれている.

　一般のボルツマンマシンと RBM の最も大きな差異は, 隠れスピンの配置そ
れぞれに関する重み $\tilde{w}(v, h)$ をあらわに計算することなく, 和を取ることで得
られる重み $w(v)$ を計算できる点にある. 以下に手順をまとめよう.

┌─ 制限ボルツマンマシン（RBM）の演算規則 ─────────────

Step 0. ネットワーク構造・パラメータの設定

　エネルギー関数 $E(v, h)$ を与えるパラメータ W_{ij}, a_i, b_j を決定する.

Step 1. 重み $w(v)$ の計算

それぞれの可視スピン配置 v に関する重みが

$$w(v) = \sum_h \widetilde{w}(v,h) = \exp\left(\sum_i a_i v_i\right) \times \prod_j 2\cosh\left(b_j + \sum_i W_{ij} v_i\right)$$

のように得られる. 隠れスピンどうしの相互作用がないため, 隠れスピンの状態に関する和を計算する操作がそれぞれ独立に実行できている.

3.3.3 深層ボルツマンマシン

深層ボルツマンマシン (deep boltzmann machine, DBM) は RBM と同様に, 2 体相互作用によって与えられるボルツマンマシンの一種である. 図 3.2(c) に示されているように, 単一の隠れ層を持つ RBM の構造に加えて, さらにもう一層隠れ層が加わった構造をしている. 本書では, 2 つの隠れ層を, それぞれ「隠れ層」と「深層」と呼んで区別することにしよう. 特に深層に属するスピンを深層スピンと呼び, d_k などと表すと, DBM のエネルギー関数は以下のように与えられる:

$$E(v,h,d) = -\sum_i a_i v_i - \sum_j b_j h_j - \sum_k b'_k d_k - \sum_{i,j} W_{ij} v_i h_j - \sum_{j,k} W'_{jk} h_j d_k.$$

$$(3.9)$$

$v,\ h,\ d$ はそれぞれ可視スピン, 隠れスピン, 深層スピンのスピン配置 $v = (v_1, \ldots, v_N)$, $h = (h_1, \ldots, h_M)$, $d = (d_1, \ldots, d_{M'})$, a_i, b_j, b'_k は可視スピン, 隠れスピン, 深層スピンに対する局所磁場, W_{ij}, W'_{jk} は可視–隠れスピン間, 隠れ–深層スピン間のイジング型相互作用である.

実は, 隠れ層の数が三層以上の場合も, 上述の形に帰着させることができる. つまり, 「同じ層に属するスピンどうしは相互作用せず, 隣り合う層のスピンどうしのみが相互作用する」という条件を課せば, 隠れ層の数を二層以上に増やしていっても, 図 3.2(d) のように隠れスピンの配置を並び替えることで, 常に図 3.2(c) のような二層の隠れ層構造に帰着することができる. したがって, 隠れ層が二層構造のものを考えれば十分であることがわかる.

可視スピン配置の重み $w(v)$ を計算するための手順を以下にまとめよう.

┌─ 深層ボルツマンマシン (DBM) の演算規則 ─

Step 0. ネットワーク構造・パラメータの設定

エネルギー関数 $E(v,h,d)$ を与えるパラメータ W_{ij}, W'_{jk}, a_i, b_j, b'_k を決定する.

Step 1. 重み $\widetilde{w}(v,h,d)$ の計算

ある可視スピン配置 v が与えられたとき, すべての隠れスピンおよび深

層スピンのスピン配置 h, d に関して，エネルギー関数の値を計算することで，重み $\widetilde{w}(v, h, d) = \exp(-E(v, h, d))$ を得る．

Step 2. 重み $w(v)$ の計算

可視スピン，隠れスピン，深層スピンから構成される，系のボルツマン重み $\widetilde{w}(v, h, d)$ に対して，隠れスピン配置 h および深層スピン配置 d に対してのみ和を取る．このとき，それぞれの可視スピン配置 v に関する重みが

$$w(v) = \sum_{h,d} \widetilde{w}(v, h, d) \tag{3.10}$$

のように得られる．この値を厳密に計算するためには，隠れ（深層）スピンの数 M（M'）に関して指数的な計算量が必要となる．

DBM では，可視スピンの重み $w(v)$ を計算するために指数的な計算量が必要になるという点で，RBM とは大きな違いがあるといえよう．一方で，隠れスピンのみに関して部分状態和を取ったときの重みは

$$\begin{aligned}
\widetilde{w}(v, d) &= \sum_h \widetilde{w}(v, h, d) \\
&= \exp\left(\sum_i a_i v_i + \sum_k b'_k d_k\right) \times \prod_j 2\cosh\left(b_j + \sum_i W_{ij} v_i + \sum_k W'_{jk} d_k\right)
\end{aligned} \tag{3.11}$$

のように求められることに注意しよう．のちに述べるように，スピン配置に関するモンテカルロサンプリングによって和を取る操作を考えれば，指数的な項数の状態和を取ることなく $w(v)$ を数値的に推定できる．

3.4 学習方法の比較

ニューラルネットワークのアーキテクチャが幾多も存在する中で，3.2 節では順伝播的（決定的）な計算によって出力が定まるような識別モデルの代表例を，3.3 節ではサンプリングを想定した動作原理に基づく生成モデルの代表例を導入した．これらのモデルが所望の動作をするためには，学習を通じてネットワーク中のパラメータを最適化する必要がある．本節では，機械学習モデルの学習パラダイムとして代表的な，**教師あり学習**と**教師なし学習**を簡単に導入する．

3.4.1 識別モデルの教師あり学習

例えば，d 次元データ $\boldsymbol{x} \in \mathbb{R}^d$ を，MLP を用いて K 個のラベルに分類する

タスクを考える．このような分類タスクにおける**教師あり学習**とは，(1) まず与えられたデータ $\{\boldsymbol{x}_n\}$ と対応するラベル $\{\hat{y}_n\}$ の関係を再現するように，予測関数 f_θ を特徴付けるパラメータの組[*6)] θ を最適化し，(2) 未知のデータ群に対して有益な情報を得ることを目指す機械学習手法である．入手可能なデータセット $\mathcal{D} = \{(\boldsymbol{x}_n, \hat{y}_n)\}$ を用いて予測関数の性能を定量化したものは**コスト関数**（cost function）と呼ばれ，本書では $C_\mathcal{D}(\theta)$ と表すことにする．ラベルのない未知データに関する予測精度を確かめることは難しいため，「コスト関数の最適化が，最良の予測関数の構築に繋がる」と期待して学習を行うことが多い[*7)]．つまり，最適パラメータの組 θ^* を

$$\theta^* = \arg \min_\theta C_\mathcal{D}(\theta) \tag{3.12}$$

により求めることを目指す．

3.4.1.1 コスト関数の例

分類タスクにおいては，出力和が 1 に規格化された関数 $f_\theta : \mathbb{R}^d \to [0, 1]^K$ を採用することが多い[*8)]．以下では，最も代表的かつシンプルなコスト関数として採用される**交差エントロピー**（cross entropy）を導入しよう．その定義は以下のように与えられる：

$$C_\mathcal{D}(\theta) = -\frac{1}{|\mathcal{D}|} \sum_{(\boldsymbol{x}, \hat{\boldsymbol{y}}) \in \mathcal{D}} \sum_{k=1}^{K} \hat{y}_k \log y_k. \tag{3.13}$$

ここで，K 次元の one-hot ベクトルによるラベル表記 $\hat{\boldsymbol{y}} \in \{(1, 0, \dots, 0), (0, 1, 0, \dots), \dots\}$ に対して第 k 成分を $\hat{y}_k$ として導入したほか，予測関数の出力 $\boldsymbol{y} = f_\theta(\boldsymbol{x})$ の第 k 成分を y_k と表記した．交差エントロピーは一般に $C_\mathcal{D}(\theta) \geq 0$ を満たし，データセット $\mathcal{D}$ に含まれるすべてのデータに対して $\hat{\boldsymbol{y}} = \boldsymbol{y}$ を満たす場合のみゼロに等しい．

情報理論的には，交差エントロピーは**カルバック–ライブラー情報量**（Kullback–Leibler 情報量，KL 情報量）と呼ばれる量に対応している．すなわち，データの背後に存在すると考えられる「真の」分布 P と，予測関数 f_θ が生み出す分布 Q に対して

$$D_{\mathrm{KL}}(P \| Q) = \frac{1}{|\mathcal{D}|} \sum_{(\boldsymbol{x}, \hat{\boldsymbol{y}}) \in \mathcal{D}} \sum_{k=1}^{K} \hat{y}_k \log \frac{\hat{y}_k}{y_k}$$

[*6)] 例えば MLP については，重み $\{W_{ji}^{(l)}\}$ およびバイアス $\{b_j^{(l)}\}$ の集合に対応する．

[*7)] 例えば，同一分布から独立に（independent and identically distributed, *i.i.d.*）データを抽出した場合や，本稿で紹介する手法のように，未知データの適切な変換によって，既知データの分布への帰着が期待できる場合などが相当する．

[*8)] K 次元の出力を行う関数に対し，その和を規格化する方法はいくつもある．代表的なのは，ソフトマックス関数と呼ばれる非線形関数によって $\bar{u}_k = \exp(u_k) / \sum_k \exp(u_k)$ と規格化するものである．

$$= C_{\mathcal{D}}(\theta) + \frac{1}{|\mathcal{D}|} \sum_{(\boldsymbol{x}, \hat{\boldsymbol{y}}) \in \mathcal{D}} \sum_{k=1}^{K} \hat{y}_k \log \hat{y}_k \tag{3.14}$$

を定義すると，式 (3.14) の第 2 項は定数（$\hat{\boldsymbol{y}}$ に対し one-hot 表現を再現している今の場合は 0）であることから，現在の文脈においては，交差エントロピーと KL 情報量が等価な働きをすることがわかる．KL 情報量は，距離尺度としての公理を満たさないものの，確率分布の最尤推定と関連付けられることから，機械学習ではしばしば採用されている．

分類タスクにおいてはあまり採用されないが，出力和が必ずしも規格化されない回帰問題においては，以下のような**平均二乗誤差**がよく採用される：

$$C_{\mathcal{D}}(\theta) = \frac{1}{|\mathcal{D}|} \sum_{(\boldsymbol{x}, \hat{\boldsymbol{y}}) \in \mathcal{D}} \sum_{k=1}^{K} |\hat{y}_k - y_k|^2. \tag{3.15}$$

3.4.1.2 誤差逆伝播法による最適化

さて，MLP において交差エントロピー (3.13) を最小化するためには，勾配法に基づくアプローチが一般的である．3.2 節にて述べたように，ニューラルネットワークは非線形写像の繰り返しであり，$u_j^{(l)} = \sum_i W_{ji}^{(l)} z_i^{(l-1)}$ を成分に持つベクトル $\boldsymbol{u}^{(l)}$（簡単のためバイアスの値を 0 とした）や l 層目の中間出力 $\boldsymbol{z}^{(l)}$ などを用いて最終層における出力を具体的に書き下してみると，

$$\begin{aligned}
\boldsymbol{y} &= \mathcal{N}_L \left(\boldsymbol{W}^{(L)} \boldsymbol{z}^{(L-1)} \right) = \mathcal{N}_L \left(\boldsymbol{u}^{(L)} \right) \\
&= \mathcal{N}_L \left(\boldsymbol{W}^{(L)} \mathcal{N}_{L-1} \left(\boldsymbol{W}^{(L-1)} \boldsymbol{z}^{(L-2)} \right) \right) = \mathcal{N}_L \left(\boldsymbol{W}^{(L)} \mathcal{N}_{L-1} \left(\boldsymbol{u}^{(L-1)} \right) \right) \\
&= \mathcal{N}_L \left(\boldsymbol{W}^{(L)} \mathcal{N}_{L-1} \left(\cdots \mathcal{N}_1 \left(\boldsymbol{W}^{(1)} \boldsymbol{x} \right) \cdots \right) \right)
\end{aligned} \tag{3.16}$$

のように与えられる．ここで，第 l 層の勾配を計算するために，微分の連鎖則を繰り返し適用すると，第 $l+1$ 層以降のすべての勾配が必要に見え，勾配計算に多大な計算量が必要なように思えてしまう．この問題を解決し，勾配計算および学習を大幅に効率化したのが，**誤差逆伝播法**と呼ばれるテクニックである[108]．

以下に，誤差逆伝播法の概略を示そう．ここでは，簡単のため単一のデータ $(\boldsymbol{x}, \hat{\boldsymbol{y}})$ に関して微分量を計算するが，式 (3.13) から明らかなように，実際の計算では与えられたデータ $(\boldsymbol{x}, \hat{\boldsymbol{y}}) \in \mathcal{D}$ に関する平均を取ればよい*9)．まず，単一のデータに対するコスト（損失）関数のパラメータ微分が

$$\frac{\partial C}{\partial W_{ji}^{(l)}} = \frac{\partial C}{\partial u_j^{(l)}} \frac{\partial u_j^{(l)}}{\partial W_{ji}^{(l)}} = \frac{\partial C}{\partial u_j^{(l)}} z_i^{(l-1)} \tag{3.17}$$

---

*9) 実際の学習においては，すべてのデータに関して毎回平均を取るのではなく，一部のデータ（ミニバッチ）のみに関する平均から計算されることが多い．更新時に選ばれるミニバッチはランダムであることから，**確率的勾配降下法**（stochastic gradient descent, SGD, 5.2.2.1 項参照）と呼ばれることもある．

と書けることに注目しよう．ここで，2つ目の等式が $u_j^{(l)}$ の定義から直ちに従うことと，$z_i^{(l-1)}$ の値は順伝播により効率的に計算されることに注意されたい．さらに，$u_j^{(l)}$ に関する偏微分に関して $\delta_j^{(l)} := \frac{\partial C}{\partial u_j^{(l)}}$ を定義すると，各層における値は

$$
\begin{aligned}
\delta_j^{(l)} &= \frac{\partial C}{\partial u_j^{(l)}} = \sum_k \frac{\partial C}{\partial u_k^{(l+1)}} \frac{\partial u_k^{(l+1)}}{\partial u_j^{(l)}} \\
&= \sum_k \delta_k^{(l+1)} \frac{\partial u_k^{(l+1)}}{\partial u_j^{(l)}} \\
&= \sum_k \delta_k^{(l+1)} W_{kj}^{(l+1)} \mathcal{N}_l'(u_j^{(l)})
\end{aligned}
\tag{3.18}
$$

のように関係づけられていることがわかる．

式 (3.17), (3.18) は，第 l 層におけるパラメータ微分が，第 $l-1$ 層までの順伝播の結果と，第 $l+1$ 層目におけるパラメータ微分から計算できることを示している．つまり，最終層における値 $\delta_j^{(L)}$ さえ計算されれば，より浅い層に向かって，逐次的にパラメータ微分が計算できることになる．このように最終層から逆方向に「伝播」していく様子が，誤差逆伝播法の名前の由来となっている．

具体的に，コスト関数として交差エントロピーを採用した場合の $\delta_j^{(L)}$ に関して計算しておこう．最終層における活性化関数としてソフトマックス関数 $y_j = \exp\left(u_j^{(L)}\right) / \sum_i \exp\left(u_i^{(L)}\right)$ を採用した場合には，

$$
\begin{aligned}
\delta_j^{(L)} &= \frac{\partial C}{\partial u_j^{(L)}} = -\sum_k \frac{\partial (\hat{y}_k \log y_k)}{\partial u_j^{(L)}} \\
&= -\sum_k \hat{y}_k \frac{1}{y_k} \frac{\partial y_k}{\partial u_j^{(L)}} \\
&= y_j - \hat{y}_j
\end{aligned}
\tag{3.19}
$$

のように与えられる．$\delta_j^{(L)}$ の表式はコスト関数および最終層の出力における活性化関数に依存するが，この例以外の場合でも，同様な計算から $\delta_j^{(L)}$ の表式を得ることができる．

最後に，誤差逆伝播法よりも広い概念である**自動微分**（automatic differentiation）についても述べておこう．人工ニューラルネットワークのように，微分の解析的な表式が書き下せるような初等的な関数を組み合わせて表現された関数であれば，連鎖律を用いて各パラメータ微分を機械的に計算できる，という思想が根本である．誤差逆伝播法はリバースモードの自動微分に該当する．差分を用いた手法である数値微分の場合に深刻化してしまう桁あふれの問題を軽減することができ，計算量も抑えられるため，近年活用が進められている．

3.4.2 生成モデルの教師なし学習

次に，サンプリングされた $\boldsymbol{x}$ の集合を用いて，背後に存在するであろう真の確率分布 $P(\boldsymbol{x})$ を推定するタスクを考える．このようなタスクにおける**教師なし学習**とは，データ $\mathcal{D} = \{\boldsymbol{x}_d\}_{d=1}^{D}$ が作る経験分布 $p(\boldsymbol{x}) = \frac{1}{D}\sum_{d=1}^{D}\delta(\boldsymbol{x}, \boldsymbol{x}_d)$ を最もよく近似するよう，非線形予測関数 $q_\theta(\boldsymbol{x})$ を特徴付けるパラメータの組 θ に関して最適化することに帰着される．この目的において最も一般的な方法として，**最尤推定**（maximum likelihood estimation）が挙げられる．これは，モデル分布関数 $q_\theta(\boldsymbol{x})$ から独立にサンプリングを行って得られた結果が $\boldsymbol{x}_1, \ldots, \boldsymbol{x}_D$ であるような事象に対応する尤度を

$$L(\theta) = \prod_{d=1}^{D} q_\theta(\boldsymbol{x}_d), \tag{3.20}$$

$$\log L(\theta) = \sum_{d=1}^{D} \log q_\theta(\boldsymbol{x}_d) \tag{3.21}$$

と置いたとき，L もしくは $\log L$ を最大化するよう θ を最適化する問題と捉えることができる．

ここでは，RBM を例にパラメータ勾配を計算する方法を紹介しよう．3.3.1 節にて導入したように，スピン配列 $v = (v_1, \ldots, v_N)$ に対する RBM の確率分布は，M 個の隠れスピン $h = (h_1, \ldots, h_M)$ を用いて

$$q_\theta(v) = \frac{\sum_h e^{-E_\theta(v,h)}}{Z_\theta}, \quad Z_\theta = \sum_{v,h} e^{-E_\theta(v,h)}, \tag{3.22}$$

$$E_\theta(v, h) = -\sum_{i,j} W_{ij} v_i h_j - \sum_i a_i v_i - \sum_j b_j h_j \tag{3.23}$$

で与えられる．表記を簡単にするために，隠れスピンを含む尤度 $Q_\theta(v,h) := e^{-E_\theta(v,h)}$ を導入して，対数尤度に関するパラメータ微分を計算すると

$$
\begin{aligned}
\frac{1}{D}\frac{\partial \log L(\theta)}{\partial W_{ij}} &= \frac{1}{D}\sum_{d=1}^{D}\frac{\partial}{\partial W_{ij}}\left(\log\left(\sum_h Q_\theta(v^{(d)}, h)\right) - \log Z_\theta\right) \\
&= \frac{1}{D}\sum_{d=1}^{D}\frac{\sum_h v_i^{(d)} h_j Q_\theta(v^{(d)}, h)}{\sum_h Q_\theta(v^{(d)}, h)} - \frac{\sum_{v,h} v_i h_j Q_\theta(v, h)}{\sum_{v,h} Q_\theta(v, h)} \\
&= \langle v_i h_j \rangle_{\mathrm{data}} - \langle v_i h_j \rangle_{\mathrm{model}}
\end{aligned}
\tag{3.24}
$$

のように表現できる．ここで，可視スピンに関する期待値計算がモデルの定義から与えられるものを $\langle \cdot \rangle_{\mathrm{model}}$，データにより与えられるものを $\langle \cdot \rangle_{\mathrm{data}}$ と表記した．同様に，バイアス項に関するパラメータ微分も計算できて

$$\frac{1}{D}\frac{\partial \log L(\theta)}{\partial a_i} = \langle v_i \rangle_{\mathrm{data}} - \langle v_i \rangle_{\mathrm{model}}, \tag{3.25}$$

$$\frac{1}{D}\frac{\partial \log L(\theta)}{\partial b_j} = \langle h_j \rangle_{\mathrm{data}} - \langle h_j \rangle_{\mathrm{model}} \tag{3.26}$$

のように与えられる.

上の勾配計算にてボトルネックとなるのは,スピン数に関して指数的な和を取る必要のある $\langle \cdot \rangle_{\mathrm{model}}$ である(一方の $\langle \cdot \rangle_{\mathrm{data}}$ の計算量は $O(DN)$ となるが,両者の差が何に起因するのか考えてみてほしい).そこで実用的には,モデルに関する期待値計算はモンテカルロサンプリングにより代替される.最も一般的にはメトロポリス法が用いられるが,RBM のように二部グラフで定義されたエネルギーベースのモデルに関しては,条件付き分布が

$$q_\theta(h|v) = \frac{Q(v,h)}{\sum_h Q(v,h)} = \prod_{j=1}^{M} q_\theta(h_j|v), \tag{3.27}$$

$$q_\theta(h_j|v) := \frac{\exp\big(\big[b_j + \sum_i W_{ij} v_i\big] h_j\big)}{\sum_{h_j} \exp\big(\big[b_j + \sum_i W_{ij} v_i\big] h_j\big)} \tag{3.28}$$

のように独立な積の形で分解できることから,効率的にスピン配列を更新することが可能である.このようなサンプリング方法は**ギブスサンプリング**と呼ばれている.具体的な手続きは以下のようにまとめられる:

0. 初期の可視スピン配列（v_{initial}）を決定する.

1. 可視スピン配列 v を固定し,$q_\theta(h_i|v)$ を用いて隠れスピン配列 h をサンプリングする.

2. 隠れスピン配列 h を固定し,$q_\theta(v_i|h)$ を用いて可視スピン配列 v をサンプリングする.

3. 十分な数のサンプルが得られるまで 1, 2 を繰り返す.

初期の可視スピン配列 v_{initial} を訓練データ中の配列に取り,かつ勾配計算ごとのサンプル数を小さな値に制限するような学習法は特に**コントラスティブ・ダイバージェンス法**（contrastive divergence method）と呼ばれ,計算量を大きく削減することが知られている[97,109].

さて,一般の生成モデルによりデータの分布を近似する際にも,式 (3.21)で定義された対数尤度を最適化する最尤推定が行われることが多い.学習の有効性は,生成モデルの表現能力だけでなく,サンプリング性能にも大きく依存することから,効率の良いサンプリングができるモデルの開発が進められている.その例として敵対的生成ネットワーク（generative adversarial networks,GAN）や正規化フローなどが挙げられる.興味のある読者は文献[110,111] などを参照されたい.

3.5 人工ニューラルネットワークの表現能力

様々な人工ニューラルネットワークの持つ性質の中で,共通する最も重要な性質の一つが**普遍近似**（universal approximation）能力であることは間違いないだろう.これは,連続関数など十分広いクラスに含まれる任意の関数が,十

分な数のパラメータを用意したニューラルネットワークによって，任意の精度で近似できることを保証するものである．

　この普遍近似能力は，浅いネットワークにも備わっていることが知られている[112-114]．最も代表的なものとして挙げられるのが，連続関数の一様近似定理である[112]．この定理は，中間層が一層であるような MLP であっても，十分な数の隠れニューロンを用意することで，任意の連続関数を任意の精度で近似できることを主張するものである．一方で，この定理からは，所望の精度 ϵ を得るために必要なニューロン数の示唆は得られない．実用的には，一定の近似誤差を達成するために必要なコストを見積もれれば，おおいに学習を効率化できるだろう．必要なネットワークの大きさのバウンドを議論する方向性も，今後ますます重要性を増していくものと考えられる[115,116]．

　普遍近似能力は，順伝播型のネットワークだけでなく，RBM や DBM などの生成モデルにも備わっている．例えば，RBM において，全可視スピン配列数と同じオーダー $O(2^N)$ の数の隠れスピンを用意し，パラメータ $\theta = \{a_i, b_j, W_{ij}\}$ を適切に設定すれば，任意の確率分布 $p(v)$ を任意の精度で表現できることがわかっている[117,118]．可視スピン数 N が増えていくと，指数関数的に大きな数（$M \sim 2^N$）の隠れスピンを取り扱うのは，現実的な計算時間では難しいため，実際の計算では，隠れスピンの数は，可視スピン数 N に対して高々多項式個にとどめることになる．MLP の場合と同様に，与えられた確率分布 $p(v)$ に対して，所望の精度 ϵ で近似するために必要な隠れスピンの数は，学習のコストを左右する重要な問いだが，一般論はあまり整備されておらず，確率分布の性質に依存する問題となっている．

　浅いネットワークでも普遍近似能力を持つことから予想されるように，深い MLP や DBM のような深層化されたニューラルネットワークもまた，普遍近似能力を有する．一方で，深層化による表現能力向上と，最適化の容易さ（ニューラルネットワークの性能を引き出せるか）には，トレードオフのような関係があることが経験的に知られている．例えば MLP においては，素朴な勾配法を用いてネットワークを最適化してしまうと，出力層から離れるにつれてパラメータの勾配が小さくなる**勾配消失**問題が観測されていた．これに対処するために，バッチ正則化やドロップアウトなどといったテクニックが開発され，深層学習の実用性を押し上げてきたという背景がある．実際の計算の際には，このようなトレードオフ関係を念頭に置いておいたほうがよいだろう．

第 4 章

人工ニューラルネットワークを用いた量子状態表現

　第 2 章で議論した量子多体物理に対し，第 3 章で導入した人工ニューラルネットワークを用いることで，量子多体問題に対するシミュレーションを実行することができる．ここでは，人工ニューラルネットワーク波動関数の基本性質について議論する．

4.1　人工ニューラルネットワーク波動関数

　第 2 章において，量子状態 $|\psi\rangle$ はハミルトニアンの固有状態であること，それをある基底 $\{|x\rangle\}$ を使って展開した係数 $\psi(x)$ を量子多体波動関数と呼ぶことを学んだ．一般の量子多体系の場合，x と $\psi(x)$ の関係性は非自明であり，量子多体波動関数の精度の良い近似は物理における普遍の難問である．2.3 節でも述べたように，量子多体系においては数値手法が果たす役割が大きい．新たな数値手法として一躍脚光を浴びているのが，人工ニューラルネットワークを用いた手法である．このような試みは，2017 年にカルレオとトロイヤーによって導入され[49]，量子スピン系の基底状態を，テンソルネットワークなどの最先端の波動関数手法と同等程度以上の精度で近似可能なことが示された．本章ではいくつかの人工ニューラルネットワークによる**波動関数**を紹介し，その基本性質について述べる．この章では比較対象としてテンソルネットワーク手法も議論するので，テンソルネットワークによる波動関数も簡単に導入する．

4.1.1　波動関数の例

　ここでは 2.2.2.2 項で考慮したスピン 1/2 の**量子スピン系**を例に取って議論を行う．量子スピンの数は N 個とする．量子スピン系以外の量子多体系への適用は 5.6 節で議論する．

　量子スピン系の波動関数を表現する場合，入力はスピン配置，出力は波動関数，その間を繋ぐのが人工ニューラルネットワークとなる（図 4.1）．出力であ

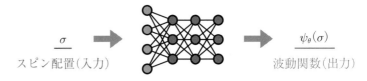

$$\underline{\sigma} \qquad\qquad\qquad\qquad \underline{\psi_\theta(\sigma)}$$

スピン配置（入力）　　　　　　　　　　波動関数（出力）

図 4.1　人工ニューラルネットワークによる波動関数表現. θ は人工ニューラルネットワーク中のパラメータセット.

る波動関数は人工ニューラルネットワークのパラメータセット θ の値に依存する. θ の値を最適化して望みの出力（波動関数）が得られるようにするということが学習に対応する. その際用いる損失/コスト関数は学習の用途によって適切に設定する必要がある（例えば, 基底状態の探索であればエネルギー期待値を**コスト関数**として設定する（5.2.2 節参照））. 以下, いくつかの例を具体的に見ていこう.

4.1.1.1　RBM 波動関数

2017 年にカルレオとトロイヤーによって導入された**制限ボルツマンマシン**（RBM）波動関数は

$$\psi_\theta(\sigma) = \exp\left(\sum_i a_i \sigma_i^z\right) \times \prod_j 2\cosh\left(b_j + \sum_i W_{ij}\sigma_i^z\right) \tag{4.1}$$

と定義される. RBM の可視スピン配置と量子スピン系のスピンの z 成分の配置 $\sigma = (\sigma_1^z, \ldots, \sigma_N^z)$ を同一視し, RBM の出力である重みを波動関数として用いている（詳しい動作原理は 3.3.2 節参照）. ただし, 通常の古典的な確率分布近似とは異なり, 量子多体系の波動関数は負の値を取ったり, 複素数になったりするので, RBM のパラメータセット $\theta = \{a_i, b_k, W_{ij}\}$ も複素数に定義が拡張されている.

その他のアプローチとして, 波動関数 $\psi(\sigma)$ を $\psi(\sigma) = |\psi(\sigma)|e^{i\phi(\sigma)}$ というように, 絶対値部分と位相部分に分割し, 絶対値 $|\psi(\sigma)|$ と位相 $\phi(\sigma)$ をそれぞれ独立の RBM で表現するという手法もあり得る. その場合は, 絶対値も位相も正の実数で表現できるので絶対値・位相部分に対応するそれぞれの RBM のパラメータ $\{a_i, b_k, W_{ij}\}$ は実数に取ることができる. ただし, 例えば 1 次元の J_1–J_2 ハイゼンベルク模型の量子状態を近似する場合は, 前者の方がパフォーマンスが良いようである[119]（他の一般のハミルトニアンに対して, 常に前者が良いという結論が成り立つかは自明ではない）.

ここで, 後述の議論のために, 結合のパラメータ W_{ij} が局所的か非局所的かによって RBM のタイプを区別することにする. W_{ij} が局所的で, 隠れスピンが $\mathcal{O}(1)$ 個の可視スピンとのみ有限の結合を持つ場合, これを短距離型 RBM と呼ぼう. 一方, 隠れスピンが $\mathcal{O}(N)$ の数の可視スピンと有限の結合を持つ場

合，これを長距離型 RBM と呼ぶことにする．

4.1.1.2　DBM 波動関数

3.3.3 節にて議論したように，**深層ボルツマンマシン（DBM）** は RBM の構造に対して新たに隠れ層が加わった構造をしている．この DBM によって波動関数を構築する場合も，RBM の場合と同様に，可視スピン配置と量子スピン系のスピンの z 成分の配置 $\sigma = (\sigma_1^z, \ldots, \sigma_N^z)$ を同一視し，DBM の出力である重みを波動関数として用いる．一般には複素数になり得る波動関数を表現するために DBM のパラメータを複素数に拡張する点も RBM と同様である．出力の計算方法に関する詳細は 3.3.3 節を参照されたい．

4.1.1.3　CNN 波動関数

量子スピン系のスピンの z 成分の配置を入力として**畳み込みニューラルネットワーク（CNN）** に読み込ませ，最終的な CNN の出力を波動関数の値として用いる．ただし，出力が複素振幅も表現できるように工夫する．CNN の動作原理は 3.2.2 節で議論しているので，出力の生成の仕方の詳細はそちらを参照されたい．

4.2　テンソルネットワーク

テンソルネットワークも，量子多体系の波動関数を効率的に近似する上で，強力な手法であることが知られており，ニューラルネットワークとの比較対象としてここで簡単に導入する．テンソルネットワークの波動関数は，物理自由度の脚を持つ多数のテンソルの間の縮約によって状態が表現される．縮約とは，複数のテンソルの間に共通する添字の和を取ることを指し，例えば行列 A と B の積 $\sum_j A_{ij} B_{jk}$ も縮約の一つである．縮約を取るテンソルをどう配置するかなどによって，テンソルネットワークの波動関数は無数の異なる関数形が存在するが，ここでは人工ニューラルネットワークとの比較のために，いくつかの代表的なテンソルネットワークに絞って紹介する．またこの節では，テンソルネットワークのデータの近似能力の定量化に成功したエンタングルメントエントロピーという量についても議論する．詳しいテンソルネットワークの解説は，本ライブラリの「テンソルネットワークの基礎と応用―統計物理・量子情報・機械学習」（西野友年著，2021 年（電子版：2024 年））などが参考になる．

4.2.1　波動関数の例

4.2.1.1　行列積状態

行列積状態（MPS） の波動関数は

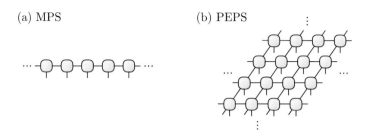

(a) MPS　　　　　　　　　　(b) PEPS

図 4.2　(a) 行列積状態（MPS）．(b) PEPS．角の丸い四角それぞれがテンソルを表す．テンソルから下向きにのびる線が物理自由度の脚を表し，実線を通じて繋がったテンソル間で縮約を取る．

$$\psi_\theta(\sigma) = \mathrm{Tr}\Big(M_1^{(\sigma_1^z)} M_2^{(\sigma_2^z)} \cdots M_N^{(\sigma_N^z)} \Big) \tag{4.2}$$

と表される．$M_i^{(\sigma_i^z)}$ は，i 番目のスピンがアップの場合とダウンの場合で異なる成分を持つ χ 行 χ 列の行列であり，スピンの脚と行列成分の脚を持つ 3 階のテンソルとみなせる．パラメータセット θ は $M_i^{(\sigma_i^z)}$ 行列の成分によって構成される．図 4.2(a) のようにテンソル M_i が 1 次元的に配列し，隣り合うテンソル間の縮約を行う．今回の場合は，テンソル間の縮約が行列の積となるので，行列積状態と呼ばれる．行列の積を 1 次元の並びに従ってすべて取ったものも χ 行 χ 列の行列となり，その対角和（トレース）を波動関数の値とする．

　χ をボンド次元と呼び，ボンド次元の大きさが波動関数の表現能力を規定する．χ が大きい方が表現能力が向上し，$\chi \to \infty$ の極限でどんな量子状態も表現が可能になる．

　この行列積状態を変分波動関数として用いている手法が，**密度行列繰り込み群**（DMRG）法[45,93] として知られている．1 次元の量子スピン系の基底状態の高精度計算において著しい成功を収めた（4.2.2 節も参照）．最近では DMRG の 2 次元への拡張も進んでいる．

4.2.1.2　PEPS

　行列積状態はテンソルを 1 次元的に並べ，それらの間の縮約を取って定義された量子状態であるが，それを 2 次元に拡張したものが **projected entangled pair states**（PEPS）と呼ばれている[46]．PEPS の構造を図 4.2(b) に示す．行列積状態のときと同様，各テンソルは量子系のスピンの向きの脚を持つ．PEPS の場合，隣接するテンソルが 4 つあるのでスピンの脚に加えて 4 つの脚を持つテンソルとなる．図 4.2(b) の線で繋がれたテンソル間で縮約を取ることで波動関数の値が決定する．

4.2.2 エンタングルメントエントロピー

人工ニューラルネットワークやテンソルネットワークのように高次元のデータ（本書では量子多体系の波動関数）の低次元表現において，データと近似精度の関係を議論することは一般には困難であることが多い．様々な試行錯誤によって経験則が蓄積されていく場合もあるが，経験則だけでは議論を一般化することは難しい．この観点で，**エンタングルメントエントロピー**という概念は，テンソルネットワークによる量子状態表現に関してその表現能力を定量化した顕著な成功例である．特に，エンタングルメントエントロピーが面積則に従う量子状態はテンソルネットワークによって効率的に表現できるという理論的な精度保証を明確に与えた（以下に詳細を述べる）．

エンタングルメントエントロピーは，系の量子もつれの度合いを表す一つの指標と捉えることができる．例えば，格子系を考え，その系を 2 つの部分系 A と B に分割したとする．全系において定義された量子状態 $|\psi\rangle$ に対して，エンタングルメントエントロピーは，縮約密度行列 $\rho_A := \mathrm{Tr}_B |\psi\rangle\langle\psi|$ の固有値 λ_n を使って以下のように与えられる：

$$S_{\mathrm{E}} = -\sum_n \lambda_n \log \lambda_n. \tag{4.3}$$

この量は部分系 A と B の間の量子もつれの度合いを表す．言い換えれば，全系の量子状態が，部分系 A と B の状態の直積で与えられる状態からどれほど乖離しているかを定量化する物理量である．例えば，量子状態が部分系の状態の直積で表される場合，縮約密度行列 ρ_A が純粋状態の密度行列となり，$S_{\mathrm{E}} = 0$ となる．一方，すべての固有値が等しい場合（部分系 A が最大混合状態となる），S_{E} は最大値を取る．例えば，部分系 A がスピン $1/2$ の量子スピン N_A 個からなるとすると，ρ_A の次元は 2_A^N となり，すべての固有値が 2^{-N_A} で等しいとすると，$S_{\mathrm{E}} = N_A \log 2$ となる．

> ┌─ エンタングルメントエントロピーの例 ─────────────
>
> 部分系 A と B に一つずつスピンがあり，全部で 2 つのスピンからなる系を考えよう．部分系 A と B が量子もつれをしている状態，例えば，$|\psi\rangle = \frac{1}{\sqrt{2}}(|\uparrow\rangle_A \otimes |\downarrow\rangle_B + |\downarrow\rangle_A \otimes |\uparrow\rangle_B)$ を考えると，縮約密度行列は $\rho_A = \frac{1}{2}(|\uparrow\rangle_A\langle\uparrow|_A + |\downarrow\rangle_A\langle\downarrow|_A)$ となり，その固有値は $(1/2, 1/2)$ であるからエンタングルメントエントロピーは $S_{\mathrm{E}} = \log 2$ と計算される．この $S_{\mathrm{E}} = \log 2$ がこの系で取り得る最大のエンタングルメントエントロピーである．一方で，量子状態が $|\psi\rangle = |\uparrow\rangle_A \otimes |\uparrow\rangle_B$ のようにプロダクト（直積）状態の場合は，$\rho_A = |\uparrow\rangle_A\langle\uparrow|_A$ となり，その固有値は $(1, 0)$，$S_{\mathrm{E}} = 0$ となる．このことからもエンタングルメントエントロピーは 2 つの部分系の間の量子もつれの度合いを表すことがわかる．

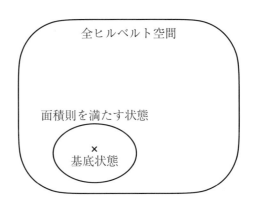

図 4.3 基底状態と励起状態の間にエネルギーギャップがある 1 次元系のスピン模型 などのヒルベルト空間の概念図．ヒルベルト空間のすべての状態のうち，エ ンタングルメントエントロピーが面積則を満たす状態は一部に過ぎず，基底 状態もその特殊な場合に属する．テンソルネットワークは面積則を満たす量 子状態の表現に特化した手法と考えることもできる．

エンタングルメントエントロピーが，部分系 A と B の境界の面積（2 次元 系では境界の長さ，1 次元系では境界は点なので定数）に比例する場合，すな わち $S_{\mathrm{E}} = \mathcal{O}(|\partial A|)$ となるような場合，その量子状態のエンタングルメントエ ントロピーは面積則に従うというような言い方をする．例えば，励起ギャップ がある 1 次元量子スピン系の基底状態のエンタングルメントエントロピーは面 積則を満たすことが知られている[120]．

一方，有限のボンド次元 χ を持つテンソルネットワークが表す量子状態のエ ンタングルメントエントロピーも面積則に従うことがわかっている（例えば， ボンド次元 χ の行列積状態が示す最大のエンタングルメントエントロピーは $\log \chi$ である）．そのため，エンタングルメントエントロピーが面積則に従う 量子状態は，テンソルネットワークによって効率的に表現でき，計算コストを 多項式時間に抑えることができる．エンタングルメントエントロピーの導入以 前から，行列積状態を用いた DMRG 手法によって励起ギャップがある 1 次元 量子スピン系の基底状態などを非常に精度良く計算できることが経験則として 知られていたが，このエンタングルメントエントロピーという量はその理由付 けに見事に成功したと言える．

ただし，すべての量子状態のエンタングルメントエントロピーが面積則に従 うわけではない．面積則に従う量子状態は一部に過ぎず，むしろ特殊な状態で あると言えよう（図 4.3）．ギャップがあるような系の基底状態などは，一番エ ネルギーが低く，かつ，励起状態とのエネルギー差が有限であるという点で特 別な状態であり，エンタングルメントエントロピーが面積則に従うという特殊 な性質で特徴付けられるということである．面積則に従わない場合のうち，特 にエンタングルメントエントロピーが部分系の体積（2 次元系では部分系の面

積，1 次元系では部分系の長さ）に比例する場合，すなわち $S_{\mathrm{E}} = \mathcal{O}(|A|)$ となる場合を体積則と呼ぶ．上記の ρ_A が最大混合状態で表される場合は，まさに S_{E} が体積則に従っている．

4.3 人工ニューラルネットワーク波動関数の基本性質とテンソルネットワークとの比較

ここでは，人工ニューラルネットワークによって構築された変分波動関数の基本性質を見ていこう．また，人工ニューラルネットワークと同様盛んに研究が行われているテンソルネットワーク手法との比較も行う．

4.3.1 普遍近似（ネットワークが大きい極限）

3.5 節で人工ニューラルネットワークの表現能力を議論したように，量子状態の波動関数表現にも**普遍近似**性能がある[*1]．例えば，RBM 波動関数を N 個の量子スピン 1/2 の系に適用した場合，RBM のパラメータ $\{a_i, b_k, W_{ij}\}$ を複素数に拡張した上で指数関数的に大きな数（$\mathcal{O}(2^N)$ 個）の隠れスピンを導入すれば，系の波動関数を任意の精度で再現することができる[56,121]．

4.3.2 実用上の表現性能

人工ニューラルネットワークには普遍近似性能があることは知られているが，これはネットワークのサイズが大きい極限での近似性能を議論しているにすぎない．実用上においては，指数関数的に大きな数の隠れ層の自由度（ニューロン）を数値的に扱うことは難しい．そのため，実際の計算では，隠れ層の自由度の数やネットワークのサイズは，系のサイズに対して冪的に増える大きさとなる．4.2.2 節において，テンソルネットワーク波動関数の表現能力を定量化した量としてエンタングルメントエントロピーを導入したが，RBM 波動関数を含む人工ニューラルネットワークを用いた波動関数についてはそのような良い指標は今のところ知られていない．そのため，隠れ層の自由度の数に対して，波動関数の近似精度がどのように向上し，どのように普遍近似性能を示す極限に漸近していくかの一般論は（著者の知る限り）存在しない．

ただし，人工ニューラルネットワーク波動関数の表現能力について何もわかっていないわけではない．特に，人工ニューラルネットワーク波動関数が示すエンタングルメントエントロピーについて，すでにいくつかの有用な知見が得られている．

例えば，隠れスピン・可視スピン間の結合パラメータが非局所的になってい

[*1]　ただし，人工ニューラルネットワークが表す波動関数はボソン的な対称性を示すため，普遍近似に関する議論はボソン的な対称性を満たす波動関数に対して成り立つ．フェルミ粒子系への適用は 7.1.1.2 項を参照されたい．

る長距離型 RBM が表現する量子状態は，そのエンタングルメントエントロ
ピーが体積則を許容する[54]．実際，N 個のスピン 1/2 の量子スピン鎖からな
る系において最大のエンタングルメントエントロピーを示す状態は，$\mathcal{O}(N)$ 個
程度の複素数パラメータを持つ RBM で厳密に表現することができる[60]．た
だし，結合パラメータが局所的な短距離型 RBM による量子状態表現の場合，
エンタングルメントエントロピーは面積則に従う．

　一般に，パラメータがランダムな値で与えられた人工ニューラルネットワー
クが表す波動関数のエンタングルメントエントロピーはシステムサイズと共に
増大するが[*2]，体積則に到達するのに必要なパラメータの数はネットワークの
構造に依存する．例えば，畳み込みニューラルネットワークのように粗視化的
な演算を伴うネットワークではエンタングルメントの成長が速く，2 次元系で
は $O(\sqrt{N})$ 個程度のパラメータで体積則を満たす状態を構築することができ
る[122]．

4.3.3　テンソルネットワークとの関係

4.3.3.1　変換則

　人工ニューラルネットワーク波動関数をテンソルネットワークの波動関数に
変換できるのか，もしくはその逆が成り立つのかは，両者の関係を明らかにす
る上で非常に興味深い問題である．ここでは，例として行列積状態（MPS）と
ボルツマンマシン（RBM・DBM）が表す量子状態の間の変換則を考えること
にする[56,123,124]．

　RBM 波動関数から行列積波動関数への変換則は Chen らによって示され
た[124]．それによると，解析的に変換を行うには，系のサイズに対して指数的
に大きなボンド次元が必要であることがわかる（ただし，RBM の結合パラ
メータが疎であるような場合は必要なボンド次元は少なくなる）．具体的な変
換則の式は文献[124] を参照していただきたい．必要なボンド次元の大きさは
エンタングルメントエントロピーの観点からも理解できる．4.3.2 節でも議論
したように，RBM が表現する量子状態のエンタングルメントエントロピーは
体積則を示すことができる（N 個の量子スピン鎖上において $S_{\mathrm{E}} \propto N$）．ボン
ド次元が χ の行列積状態が表すことのできるエンタングルメントエントロピー
は最大で $\log \chi$ であることを考えると，体積則を表現するには，指数関数的に
大きなボンド次元が必要になることがわかる．

　逆の変換（行列積波動関数からボルツマンマシン波動関数）に関しては，我々
の知る限り，一般的な変換則は知られていない（ただし，RBM は普遍近似能
力があるので，隠れスピンが大きい極限の下では任意の行列積状態を再現する
ことができる）．一方で，RBM よりも表現能力の高い DBM を用いると，変換

---

　*2)　例えば RBM 波動関数の場合の議論は文献[60] を参照．

に必要な隠れスピンの数が議論されている．文献[56]によると，N個のスピン1/2の量子スピン系におけるボンド次元χを持つ行列積状態は，$\mathcal{O}(N\chi^2)$個の隠れスピンを持つDBMによって任意の精度で再現できることが示されている．

4.3.3.2 優位性

4.2.2節で示したように，テンソルネットワーク手法の適用対象は，主に，エンタングルメントエントロピーが面積則に従う量子状態である．それに対し，人工ニューラルネットワークによって表現された量子状態のエンタングルメントエントロピーは体積則を許容する（4.3.2節）．したがって，体積則に従う量子状態は，テンソルネットワークによる効率的な表現が困難になってしまうのに対して，人工ニューラルネットワークを用いると効率的な表現を得られる可能性がある（例えば，4.3.2節で議論した最大のエンタングルメントエントロピーを示す状態）．

一方で，テンソルネットワークの方が少ないパラメータで効率的に表現できる量子状態も知られている．例えば，Affleck–Kennedy–Lieb–Tasaki（AKLT）状態[125]は$\chi = 2$の行列積状態によって表現可能である[95]のに対し，RBMを用いると，AKLT状態が持つ隠れた反強磁性的秩序を表現するために，非局所的な結合パラメータを持つ長距離型RBMが必要になる[124]．その際のパラメータの数は，行列積状態の場合$\mathcal{O}(N)$で，RBMを用いると$\mathcal{O}(N^2)$に増えてしまう[54]*3)．エンタングルメントエントロピーに対する許容性だけが表現能力を決めるわけではないことが，この例からわかる．

したがって，テンソルネットワークと人工ニューラルネットワークのどちらかが常に優位性を持っているというわけではない．両者はむしろ補完的である．これからより一層両者間の関係性が議論されることで，量子状態表現の理解が深まることが期待される．

4.4 人工ニューラルネットワーク波動関数の適用例

4.4.1 解析的な構築

人工ニューラルネットワークを用いて様々な量子状態の表現方法が議論されている．一部の特別な量子状態に対しては，その再現に必要な人工ニューラルネットワークのパラメータを解析的に求めることができる．例えば，RBMを用いると，グラフ/クラスター状態[57,121,123]や，表面符号/トーラス符号[57,58,121,123,124]などのトポロジカルな量子状態が効率的に表現できることが提案されている．これらの量子状態は，**量子計算**において重要な役割を果

---

*3) より最近になって，基底を工夫することでパラメータ数を$\mathcal{O}(N)$まで減らせるという報告も出た[59,126]．

たすと考えられ，注目を集めている．

　また，長距離のジャストロー型の相関を持つ形で表される（格子上で定義された）ラフリン波動関数は長距離型 RBM を使うことによって効率的に表現が可能である[54,55,121]．スピン模型の言語では，ラフリン波動関数はカイラルスピン液体状態を表す．また，同様にカイラルなトポロジカル状態として，カイラル p 波超伝導状態[56] の効率的な表現も議論されている．

4.4.2　パラメータの最適化（学習）による構築

　解析的な表現が得られない場合には，一般には，数値的にパラメータを最適化することで量子状態を近似することとなる．その際，目的に応じて何らかのコスト関数を設定することとなる．ここでは，学習方法の違いで場合分けしてその適用例を簡単に概観する．

1. **教師あり学習**：量子状態の解析形がわかっている特殊な場合や，厳密対角化が可能な小さなサイズの系の場合など，真の波動関数の値 $\psi(\sigma)$ が厳密にわかる場合は，σ と $\psi(\sigma)$ の組を教師データとした教師あり学習を実行することができる．このことにより，真の量子状態を人工ニューラルネットワークによって近似する．この例では，量子状態そのものを学習しているが，粒子の存在確率密度の空間分布を一種の画像だと捉え，この画像と量子相のラベルの組を教師データとすることによってクラス分類し，量子相識別に繋げるというような適用例も考えられる[47]．

2. **教師なし学習**：例として，実験的に実現している未知の量子状態に対し，量子測定を通じて情報が得られる場合を考える．その場合，量子状態に関する限られた測定データの集合から元の量子状態を再構築するというタスクを考えることができる[127]．この手法は**量子状態トモグラフィー**と呼ばれていて，量子情報の分野において重要な課題となっている．この量子状態トモグラフィー手法は第 6 章の主題となっている．

3. **本書の主題**：上記の 2 つの例とは異なり，真の量子状態が未知で，かつ，その量子状態に関する量子測定のデータも得ることができないような場合を考えてみよう．第 2 章で議論した量子多体問題，すなわち，量子多体ハミルトニアンが与えられたときにその固有状態を求める問題，がまさにこの場合に当てはまる．量子多体問題の量子状態をいかにして精度良く近似するか，という挑戦的課題については，次章でより詳しく議論することとする．

第5章

人工ニューラルネットワークを用いた変分法

　量子多体系の固有状態のうち，最もエネルギーが低い量子状態である基底状態の高精度計算は，物性物理のみならず，素粒子・原子核分野，量子化学にも共通する挑戦的課題である．人工ニューラルネットワークを用いて波動関数を表現し，エネルギーをコスト関数に用いて学習を行うことで，基底状態の高精度な表現を得ることができる．手法に工夫を加えることで励起状態の計算も可能になるが（第8章参照），この章では基底状態に絞って議論を行う．

5.1　変分法とは

　真の**基底状態**の探索は，本来であれば全ヒルベルト空間の中から行う必要があるが，第2章でも取り上げたように，すべてのヒルベルト空間の次元は系のサイズに対して指数関数的に増大してしまい，数値的に厳密に取り扱おうとすると指数関数的に計算コストが爆発してしまう．そのため，現実的な計算コスト（系のサイズに対して多項式時間）で，基底状態を精度良く近似するための手法開発が盛んに行われている．

　変分法は，その代表的な手法の一つである．変分法は，量子多体系の基底状態の波動関数を近似するための手法で，高々多項式個のパラメータで記述される**変分波動関数**（試行波動関数とも呼ぶ）を用意し，変分波動関数のエネルギー期待値を下げるようにパラメータの最適化を行う．変分波動関数が張る空間は，全ヒルベルト空間の一部となり，その切り取られた部分空間の中で探索が行われる（図5.1）．

　変分波動関数のエネルギー期待値は，真の基底エネルギーより低くなることはない（**変分原理**）．変分波動関数のエネルギー期待値が下がれば下がるほど，基底状態の良い近似が得られることになる．どれだけエネルギー期待値が下げられるかは変分波動関数の表現能力や質に依存する．プラクティカルにはそれに加えて変分波動関数を記述するパラメータ（変分パラメータ）の最適化の安

図 5.1　変分法の概念図：変分法においては変分波動関数が張る限られた部分空間の中で一番エネルギーが低い状態を探す.

定性に依存する.

┌─ 変分原理の簡易証明 ─────────────────────────

　　ここでは簡単のため，基底状態には縮退がないものとして変分原理を示す．$N_{\mathcal{H}}$ 次元のハミルトニアン $\mathcal{H}$ の固有エネルギーをエネルギーの低い順に E_i $(i = 0, \ldots, N_{\mathcal{H}} - 1)$ と表し，対応する規格化された固有状態を $|\phi_i\rangle$ とする．E_0 が基底状態エネルギーで，$E_0 < E_1 \leq E_2 \leq \cdots$ である．規格化された変分量子状態 $|\psi\rangle$ を規格化された固有状態（正規直交基底の一つ）で展開すると，$|\psi\rangle = \sum_i c_i |\phi_i\rangle$ $(\sum_i |c_i|^2 = 1)$ のようになり，そのエネルギー期待値 E は $E = \sum_i |c_i|^2 E_i \geq E_0 \sum_i |c_i|^2 = E_0$ と，基底状態エネルギーよりも低くなることはない．等号成立は，$|c_0|^2 = 1$，すなわち変分量子状態が厳密に基底状態と一致したときのみである．

└─────────────────────────────────────

5.2　人工ニューラルネットワークを用いた変分アルゴリズム

5.2.1　変分法に人工ニューラルネットワークを使う意義

　　変分法は，全ヒルベルト空間を切り取り，変分波動関数が張る部分空間の中でエネルギー最小状態を探す手法であるが，これまで用いられてきた変分波動関数の多くは，人間の直観に基づいて構成され，少数のパラメータで記述される波動関数形を用いてきた．この場合，エネルギー最小状態を探索するヒルベルト空間を大幅に制限したものとなっている場合が多かった（例えば反強磁性解のみを探索するなど）．大幅にヒルベルト空間を制限することにより数値計算としての取扱いは簡素化される．

　　しかし，強相関系のように，様々な量子状態（それぞれ熱力学極限で違う相に対応する）が小さなエネルギースケールで鬩ぎ合っている状況においては，

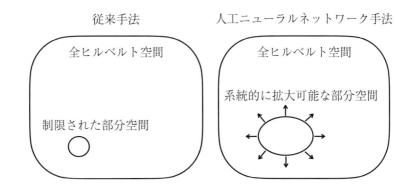

図 5.2　従来の変分法と人工ニューラルネットワーク手法の変分波動関数が張る部分空間の概念図.

人間の直観によりバイアスをかけ，探索空間を狭めてしまうことで間違った基底状態を導き出してしまう可能性がある．精度の向上を試みようとしても，物理的直観に基づく少数パラメータで記述するというアプローチを取ると，どのようなパラメータを加えていけば系統的に精度が改善できるか，は極めて非自明な問題になってしまう．量子多体物性の真の理解，また，将来のマテリアル開発に望まれる物性の定量予測に向けては，系統的改善が困難であるという現存の変分法の課題を乗り越える必要がある．

　近年の数値計算技術の発達に伴い，変分パラメータを増やすことが可能になってきたため，変分波動関数に対するバイアスを減らし，系統的改善を可能にしていくという流れが進んでいる．**テンソルネットワーク手法**などはその流れの中の代表格の一つであり，2017 年あたりから新たに**人工ニューラルネットワーク手法**がその流れに加わった（第 4 章も参照されたい）．テンソルネットワークと人工ニューラルネットワークは両者とも**普遍近似**性能を持ち，それぞれボンド次元と隠れ層の自由度の数が無限の極限でどんな関数形も任意の精度で再現することができる．従来手法は，基底状態を探索する空間を大幅に制限している（場合によっては真の基底状態はその探索空間の外に存在してしまう可能性がある）のに対し，テンソルネットワークや人工ニューラルネットワークはボンド次元や隠れ層の自由度の数を増やすことで探索空間を系統的に拡大することができる（図 5.2）．この系統的改善性は真の基底状態を探し出す上で非常に重要である．

　本節では人工ニューラルネットワークを用いた変分計算について議論する．上述の議論を，もう少し噛み砕いて書くと，人工ニューラルネットワークのように柔軟な表現能力を持つ関数形を使えば，様々な量子状態も柔軟に表現できるのではないかということである．ここでは量子スピン系への適用を例に取って議論を進める．量子スピン系以外への拡張については第 7 章で議論する．

5.2.2 学習方法（パラメータの最適化方法）

機械学習手法においては，目的に応じて**コスト関数**を設定し，その値を最小化するようにパラメータの更新が行われる．一方，物理の分野で発展してきた変分法においては 5.1 節で議論したように変分波動関数のエネルギー期待値を最小化する．変分波動関数を人工ニューラルネットワークで構築した場合，エネルギー期待値 $E_\theta = \frac{\langle \psi_\theta | \mathcal{H} | \psi_\theta \rangle}{\langle \psi_\theta | \psi_\theta \rangle}$ は人工ニューラルネットワークのパラメータセット θ に対して非線形な依存関係を持つ．よって，エネルギーを最小化して基底状態を探索する問題は，機械学習が行うタスク "非線形なコスト関数（エネルギー）を使った非線形関数（人工ニューラルネットワーク）の高次元パラメータ空間内での最適化" と捉えることもできよう[48]．

以下，コスト関数であるエネルギーを最小化するためのパラメータセット θ の更新手法についていくつか紹介する．5.1 節でも述べたように，変分法でどれだけエネルギーが下げられるかは，波動関数の質に加えて最適化の安定性に依存する．そのため，パラメータの最適化手法の選択も変分法においては重要である．ここでは，人工ニューラルネットワーク内の各々のパラメータに対する 1 階微分までの情報を使う手法と 2 階微分までの情報を使う方法で大きく 2 通りに大別して手法を紹介する．機械学習タスクのアルゴリズムの中において現れるパラメータで人の手によってその値を設定するものを**ハイパーパラメータ**と呼ぶ．安定した学習のためには，最適化のアルゴリズム選択に加え，ハイパーパラメータの値の適切な設定も非常に重要になる．

5.2.2.1　1 階微分の情報のみを用いる場合

t 番目のパラメータ更新ステップにおけるパラメータセットの値を $\theta^{(t)}$ と書くことにし，そのステップにおける勾配ベクトルを $\boldsymbol{g}^{(t)}$ と表すことにする．勾配ベクトルの成分は，今回テーマにしている変分法の場合には，

$$g_k^{(t)} = \left. \frac{\partial E_\theta}{\partial \theta_k} \right|_{\theta = \theta^{(t)}} \tag{5.1}$$

で与えられる．この勾配を実際にどう数値的に計算するかは 5.3.2 節で議論することにして，以下ではとりあえずこの勾配ベクトルが計算できることを前提として話を進めよう．

1. 確率的勾配降下法（SGD）

SGD におけるパラメータ更新は以下の式で与えられる：

$$\theta_k^{(t+1)} = \theta_k^{(t)} - \eta g_k^{(t)}. \tag{5.2}$$

η は学習において重要なハイパーパラメータで**学習率**（learning rate）と呼ばれている．η を大きくすると学習が不安定になりやすいが，小さいと収束に時間がかかる．式 (5.2) 自体は勾配降下法（最急降下法）に見えるが，右辺に現れる勾配はすべてのデータから計算されるわけではなく，一

部のデータから計算される．このように，勾配の推定値を用いることで勾配にランダム性が入っているのが，確率的勾配降下法（SGD）である．

2. **Momentum**（SGD から勾配ベクトルの改善を目指す）[108]

SGD を用いた場合，コスト関数の形状や学習率の値によっては勾配ベクトルの向きがステップごとに激しく振動してしまうような場合も考えられる．パラメータの更新に関して，過去の履歴と混ぜることでそのような振動を抑えることが期待できる：

$$\delta\theta_k^{(t)} = -\eta g_k^{(t)} + \alpha\delta\theta_k^{(t-1)}, \tag{5.3}$$

$$\theta_k^{(t+1)} = \theta_k^{(t)} + \delta\theta_k^{(t)}. \tag{5.4}$$

α は新たなハイパーパラメータ（0 と 1 の間の実数）で，$\alpha\delta\theta_k^{(t-1)}$ が慣性（momentum）項の役割を果たしている．そのためこの手法は Momentum という名前がついている．

3. **AdaGrad**（SGD から学習率の改善を目指す）[128]

SGD を改善する場合，上記の Momentum は勾配ベクトルに修正を加えたが，学習率の方を改善するというやり方もある．学習率はステップやパラメータによって一定である必要はない．AdaGrad（adaptive gradient）では

$$r_k^{(t)} = r_k^{(t-1)} + \left(g_k^{(t)}\right)^2, \tag{5.5}$$

$$\eta_k^{(t)} = \frac{\eta}{\sqrt{r_k^{(t)}}}, \tag{5.6}$$

$$\theta_k^{(t+1)} = \theta_k^{(t)} - \eta_k^{(t)} g_k^{(t)} \tag{5.7}$$

のようにパラメータが更新される（ただし $r^{(0)} = \epsilon$, ϵ は $1/\sqrt{r_k^{(t)}}$ が発散しないようにするための無限小の正の実数）．このようにして，学習率がステップ依存し，ステップとともに学習率が小さくなっていく．また，この手法では学習率がパラメータごとに異なり，更新幅の大きいパラメータほど学習率が小さくなる．したがって，実質的に勾配ベクトルに修正を加えたことになる（ただし，各成分の大きさが修正されるだけで，ベクトルの向き（符号）は変化しない）．

AdaGrad では過去に更新が大きかったパラメータや，それ以外のパラメータでもステップが増えると学習率が非常に小さくなってしまう．この問題に対して過去の更新履歴の影響を減らし，最近の更新履歴の情報の影響の重みを増やす方法として **RMSprop**（root mean square propagation）なども提案されている[129]．

4. **Adam**（SGD から勾配ベクトルと学習率両方の改善を目指す）[130]

SGD から勾配ベクトル，学習率の両方に手を加えた手法の代表格の一

つが Adam（adaptive moment estimation）である．以下に更新の式を示す：

$$m_k^{(t)} = \beta_1 m_k^{(t-1)} + (1 - \beta_1) g_k^{(t)}, \tag{5.8}$$

$$v_k^{(t)} = \beta_2 v_k^{(t-1)} + (1 - \beta_2) \left(g_k^{(t)} \right)^2, \tag{5.9}$$

$$\hat{m}_k^{(t)} = \frac{m_k^{(t)}}{1 - \beta_1^t}, \tag{5.10}$$

$$\hat{v}_k^{(t)} = \frac{v_k^{(t)}}{1 - \beta_2^t}, \tag{5.11}$$

$$\theta_k^{(t+1)} = \theta_k^{(t)} - \alpha \frac{\hat{m}_k^{(t)}}{\sqrt{\hat{v}_k^{(t)}} + \epsilon}. \tag{5.12}$$

α, β_1, β_2 はハイパーパラメータで文献[130]では，$\alpha = 0.001$, $\beta_1 = 0.9$, $\beta_2 = 0.999$ という設定が推奨されている．

5.2.2.2 2階微分の情報も用いる場合

1. ニュートン法

ニュートン法はある関数 $f(x)$ が与えられたときに，$f(x) = 0$ の解を求めるために考案された手法である．$f(x) = 0$ の解の近くの点 x_0 における曲線 $y = f(x)$ の接線は $y = f'(x_0)(x - x_0) + f(x_0)$ で与えられる．この接線と $y = 0$ の交点である $x = x_0 - f(x_0)/f'(x_0)$ は真の解により近づいていることが期待できる．このことを利用して，$x^{(t+1)} = x^{(t)} - f(x^{(t)})/f'(x^{(t)})$，すなわち $\delta x^{(t)} = -f(x^{(t)})/f'(x^{(t)})$ という更新を繰り返すことで真の解を求めるという手法になる．今回の変分問題の場合，コスト関数であるエネルギーの最小化は勾配ベクトルが 0 になる場所を探す問題に置き換えることができるので，上記の式を多変数に拡張し，以下の更新の式が得られる：

$$\delta \theta_k^{(t)} = - \sum_l \left(H^{(t)} \right)_{kl}^{-1} g_l^{(t)}. \tag{5.13}$$

ここで，H 行列はヘシアン行列でその成分は

$$H_{kl} = \frac{\partial^2 E_\theta}{\partial \theta_k \partial \theta_l} \tag{5.14}$$

である．

2. 確率的再配置法（stochastic reconfiguration 法，SR 法）[131]

SR 法は，量子状態の空間における距離を測る**フビニ–スタディ計量**（すなわち 2 つの量子状態がどれだけ似通っているかを定義するもの，詳しくは下記を参照）を用いてパラメータを更新する．ニュートン法におけるヘシアン行列の部分がフビニ–スタディ計量テンソル S_{kl} に置き換わる

ことになる．そのパラメータの更新は以下の式で与えられ，勾配を計量テンソルで補正した形でパラメータが更新される：

$$\delta\theta_k^{(t)} = -\delta_\tau \sum_l \left(S^{(t)} \right)_{kl}^{-1} g_l^{(t)}. \tag{5.15}$$

ここで，更新幅に関するハイパーパラメータは δ_τ という表記にした．これは SR 法がハミルトニアンによる**虚時間発展**に関係しているからである（後述）．S_{kl} は量子状態の微小変化に対する距離を定義するフビニ–スタディ計量テンソルで，その具体的な形は，

$$S_{kl} = \mathrm{Re} \left(\frac{\langle \partial_k \psi_\theta | \partial_l \psi_\theta \rangle}{\langle \psi_\theta | \psi_\theta \rangle} - \frac{\langle \partial_k \psi_\theta | \psi_\theta \rangle}{\langle \psi_\theta | \psi_\theta \rangle} \frac{\langle \psi_\theta | \partial_l \psi_\theta \rangle}{\langle \psi_\theta | \psi_\theta \rangle} \right) \tag{5.16}$$

で与えられる．式 (5.15) の右辺において，計量テンソルの逆行列を作用させるということは，あるパラメータ θ_k の微小変化によって変分波動関数が大きく変化してしまう（パラメータの微小変化を加えた変分波動関数と元の波動関数の距離が大きくなる）ような場合に，θ_k の更新幅を小さくして変分波動関数の急激な変化を抑制する意味があることがわかる．これにより数値不安定性を抑えている．

フビニ–スタディ計量（Fubini–Study metric）

　フビニ–スタディ計量は規格化されている量子状態 $|\bar{\psi}\rangle$, $|\bar{\phi}\rangle$ $(\langle \bar{\psi} | \bar{\psi} \rangle = \langle \bar{\phi} | \bar{\phi} \rangle = 1)$ に対し，

$$\mathcal{F} \left[|\bar{\psi}\rangle, |\bar{\phi}\rangle \right] := \arccos \left(\left| \langle \bar{\psi} | \bar{\phi} \rangle \right| \right) \tag{5.17}$$

と定義される．$\left| \langle \bar{\psi} | \bar{\phi} \rangle \right|$ は規格化された複素ベクトルの内積の絶対値なので，フビニ–スタディ計量はこれらのベクトルの間の角度と解釈することができる．したがって，この量は量子角度（quantum angle）と呼ばれることもある．ヒルベルト空間内の規格化された複素ベクトルに対して定義されているので，この計量は複素射影空間を考えていることになる．規格化因子を陽に書くと，フビニ–スタディ計量は

$$\mathcal{F}[|\psi\rangle, |\phi\rangle] := \arccos \sqrt{\frac{\langle \psi | \phi \rangle \langle \phi | \psi \rangle}{\langle \psi | \psi \rangle \langle \phi | \phi \rangle}} \tag{5.18}$$

と書かれる．フビニ–スタディ計量は，フィデリティ $F^2[|\psi\rangle, |\phi\rangle] = \frac{\langle \psi | \phi \rangle \langle \phi | \psi \rangle}{\langle \psi | \psi \rangle \langle \phi | \phi \rangle}$ とも深く関係しており，両者の関係は $\mathcal{F} = \arccos \sqrt{F^2}$ で与えられる．

　式 (5.16) の S 行列は，フビニ–スタディ距離に対する計量テンソルとなっていて（フビニ–スタディ計量テンソルと呼ばれる），ある変分量子状態 $|\psi_\theta\rangle$ と，パラメータが微小変化したときの量子状態 $|\psi_{\theta+\delta\theta}\rangle$ の間の距離は，$\delta\theta$ の 2 次までのオーダーで

$$\mathcal{F}^2\left[\left|\psi_{\theta+\delta\theta}\right\rangle, \left|\psi_\theta\right\rangle\right] = \sum_{kl} S_{kl}\delta\theta_k\delta\theta_l \tag{5.19}$$

となる．なお，フビニ–スタディ計量テンソルは

$$Q_{kl} = \frac{\langle \partial_k\psi_\theta | \partial_l\psi_\theta\rangle}{\langle \psi_\theta | \psi_\theta\rangle} - \frac{\langle \partial_k\psi_\theta | \psi_\theta\rangle}{\langle \psi_\theta | \psi_\theta\rangle}\frac{\langle \psi_\theta | \partial_l\psi_\theta\rangle}{\langle \psi_\theta | \psi_\theta\rangle} \tag{5.20}$$

で与えられる**量子幾何テンソル**（quantum geometric tensor）の実部となっている．

さらに進んで，SR 法の物理的意味を考えてみると，ハミルトニアンによる虚時間発展を，変分波動関数の表現能力の範囲内でできるだけ正確に再現する手法となっていることがわかる．実際，式 (5.15) は，現ステップの $|\psi_{\theta(t)}\rangle$ に微小虚時間発展を厳密に作用させた状態 $e^{-2\delta_\tau\mathcal{H}}|\psi_{\theta(t)}\rangle$ と，パラメータ更新した状態 $|\psi_{\theta(t)+\delta\theta(t)}\rangle$ の差をできるだけ小さくする（フィデリティを最大化する）ようにすることによって導くことができる（下記を参照）．

基底状態と直交しない初期状態 $|\psi^{(0)}\rangle = \sum_i c_i^{(0)}|\phi_i\rangle$（$|c_0^{(0)}| \neq 0$，$|\phi_i\rangle$ は固有エネルギー E_i に対応するハミルトニアンの厳密な固有状態）を取ってきて，ハミルトニアンによる虚時間発展を作用させると，

$$\begin{aligned}
e^{-\tau\mathcal{H}}\left|\psi^{(0)}\right\rangle &= \sum_i e^{-\tau E_i}c_i^{(0)}|\phi_i\rangle \\
&= e^{-\tau E_0}\sum_i e^{-\tau(E_i-E_0)}c_i^{(0)}|\phi_i\rangle \\
&= e^{-\tau E_0}c_0^{(0)}|\phi_0\rangle \quad (\tau \to \infty)
\end{aligned} \tag{5.21}$$

というように，十分長い虚時間発展の下で基底状態の成分だけが残る（簡単のため基底状態に縮退がないとした）．もし厳密に虚時間発展を再現することができれば，エネルギー（コスト関数）のローカルミニマムにトラップされることもない．このことが，SR 法によって基底状態を求めるための最適化が安定化する根拠となっている．

┌─ SR 法の導出の詳細 ──────────

パラメータセット θ によって記述される変分量子状態 $|\psi_\theta\rangle$ に微小虚時間発展を作用させた状態をパラメータ更新 $\theta \leftarrow \theta + \delta\widetilde{\theta}$ によってできるだけ再現することを考える．そのためには，量子状態間の距離を定義するフビニ–スタディ計量を最小化することを考えればよい：

$$\delta\widetilde{\theta} = \arg\min_{\delta\theta} \mathcal{F}[e^{-2\delta_\tau\mathcal{H}}|\psi_\theta\rangle, |\psi_{\theta+\delta\theta}\rangle]. \tag{5.22}$$

もしくはそれと同等のこととして，フィデリティを最大化することを考えてもよい：

$$\delta\widetilde{\theta} = \arg\max_{\delta\theta} F^2[e^{-2\delta_\tau\mathcal{H}}|\psi_\theta\rangle, |\psi_{\theta+\delta\theta}\rangle]. \tag{5.23}$$

ここで式 (5.23) のフィデリティ

$$F^2[e^{-2\delta_\tau\mathcal{H}}|\psi_\theta\rangle, |\psi_{\theta+\delta\theta}\rangle] = \frac{\langle\psi_\theta|e^{-2\delta_\tau\mathcal{H}}|\psi_{\theta+\delta\theta}\rangle\langle\psi_{\theta+\delta\theta}|e^{-2\delta_\tau\mathcal{H}}|\psi_\theta\rangle}{\langle\psi_\theta|e^{-4\delta_\tau\mathcal{H}}|\psi_\theta\rangle\langle\psi_{\theta+\delta\theta}|\psi_{\theta+\delta\theta}\rangle} \tag{5.24}$$

を微小量に対して 2 次のオーダーまで展開すると

$$F^2 = 1 - \left(\sum_{k,l}\delta\theta_k S_{kl}\delta\theta_l + 2\delta_\tau\sum_k g_k\delta\theta_k + 4\delta_\tau^2 E_{\mathrm{var}}\right) \tag{5.25}$$

となる．ここで，$g_k = \frac{\partial E_\theta}{\partial\theta_k}$ は勾配ベクトル（式 (5.1)）の k 番目の成分で，具体的な式は

$$g_k = \left(\frac{\langle\psi_\theta|\mathcal{H}|\partial_k\psi_\theta\rangle}{\langle\psi_\theta|\psi_\theta\rangle} + \mathrm{c.c.}\right) - \left(\frac{\langle\psi_\theta|\mathcal{H}|\psi_\theta\rangle}{\langle\psi_\theta|\psi_\theta\rangle}\frac{\langle\psi_\theta|\partial_k\psi_\theta\rangle}{\langle\psi_\theta|\psi_\theta\rangle} + \mathrm{c.c.}\right), \tag{5.26}$$

E_{var} はエネルギーの分散の期待値で

$$E_{\mathrm{var}} = \frac{\langle\psi_\theta|\mathcal{H}^2|\psi_\theta\rangle}{\langle\psi_\theta|\psi_\theta\rangle} - \left(\frac{\langle\psi_\theta|\mathcal{H}|\psi_\theta\rangle}{\langle\psi_\theta|\psi_\theta\rangle}\right)^2 = \langle\mathcal{H}^2\rangle - \langle\mathcal{H}\rangle^2 \tag{5.27}$$

で与えられる．したがって，式 (5.25) の右辺には，パラメータ変化 $\delta\theta$ に関して 2 次の成分に計量テンソル，微小虚時間 $\delta\tau$ に関して 2 次の成分にエネルギーの分散，両者のクロスタームに勾配が現れていることがわかる．この値を最大化する解は停留条件から，

$$\delta\widetilde{\theta}_k = -\delta_\tau\sum_l S_{kl}^{-1}g_l \tag{5.28}$$

となり，勾配を計量テンソルで補正する SR の更新の式（式 (5.15)）が導かれる．

実はフビニ–スタディ計量は**フィッシャー情報計量**を複素射影空間に拡張したものになっていて，情報幾何学と深い関係がある．規格化された変分量子状態 $|\bar{\psi}_\theta\rangle = \frac{|\psi_\theta\rangle}{\sqrt{\langle\psi_\theta|\psi_\theta\rangle}}$ をある基底 $\{|x\rangle\}$ で展開すると，一般に

$$|\bar{\psi}_\theta\rangle = \sum_x |\bar{\psi}_\theta(x)|e^{i\mathrm{Arg}\,\bar{\psi}_\theta(x)}|x\rangle \tag{5.29}$$

と書くことができるが，位相項のない特別な場合 $|\bar{\psi}_\theta\rangle = \sum_x|\bar{\psi}_\theta(x)||x\rangle$ を考えると，波動関数が正の実数になり，フビニ–スタディ計量とフィッシャー情報計量の関係を導くことができる．今 $p_\theta(x) \equiv |\bar{\psi}_\theta(x)|^2$ とおくと，$\sum_x p_\theta(x) = 1$ であり，$|\bar{\psi}_\theta\rangle = \sum_x\sqrt{p_\theta(x)}|x\rangle$ と書ける．この特殊

な場合においてフビニ–スタディ計量テンソルを計算すると,

$$S_{kl} = \frac{1}{4} \sum_x p_\theta(x) \frac{\partial \log p_\theta(x)}{\partial \theta_k} \frac{\partial \log p_\theta(x)}{\partial \theta_l}$$
$$= \frac{1}{4} I_{kl} \tag{5.30}$$

となり,フィッシャー情報行列 I_{kl} の $\frac{1}{4}$ の値が得られる.

　フビニ–スタディ計量を用いる SR 法はソレラによって物理分野において提唱されたが[131],それとは独立にフィッシャー情報計量を用いた更新手法が甘利らによって機械学習の分野において提唱されている[132,133].機械学習の分野でこの手法は**自然勾配法**(natural gradient descent)と呼ばれている.SR 法は変分波動関数手法に対する自然勾配法とみなすことができるが,これまで物理と機械学習分野での交流が盛んではなかったので,SR 法と自然勾配法の関係性が認知されるようになってきたのはごく最近のことである.

5.2.3　計算手順のまとめ

　ある量子多体系のハミルトニアンが与えられたとき,人工ニューラルネットワークを用いた変分計算は以下の手順で実行される.

1. 人工ニューラルネットワークを用いて変分波動関数を構成する(人工ニューラルネットワークの種類やネットワークのサイズを設定する).その上で変分パラメータ θ を初期化する.小さい値の乱数を用いて初期化することが多い.

2. エネルギーをコスト関数に設定し,コスト関数を最小化するように変分パラメータ θ を最適化する.様々な最適化手法が提案されているが,そのうちの一部は 5.2.2 節で紹介してある.θ の初期化に乱数を用いた場合,何通りかの初期パラメータに対して最適化を行い,一番エネルギーが下がったものを次のステップの物理量計算に用いる.

3. 最適化された波動関数をもとにエネルギーや相関関数などの物理量を計算する.

5.3　量子スピン系を用いたデモンストレーション

　ここまでは,人工ニューラルネットワークを用いて変分状態を用意し,コスト関数であるエネルギーを最小化することによって基底状態を近似できること,近似の表現能力はネットワークのサイズを大きくすることで系統的に改善できること,という原理上の話をしてきた.ここでは,実際にはどのようにして計算がなされるかを具体的に見てみよう.1 次元の 8 サイトの反強磁性**ハイゼンベルク模型**を用い,かつ人工ニューラルネットワークの中でも RBM を例

に取って，手法のデモンストレーションを行う．

1次元の反強磁性ハイゼンベルク模型のハミルトニアンは2.2.3.2項で導入したように

$$\mathcal{H} = \sum_i (-\sigma_i^x \sigma_{i+1}^x - \sigma_i^y \sigma_{i+1}^y + \sigma_i^z \sigma_{i+1}^z) \tag{5.31}$$

と表される．$\sigma_i^x, \sigma_i^y, \sigma_i^z$ はパウリ演算子であり，奇数番目のスピンの量子化軸の x, y 軸が z 軸まわりに $180°$ 回転（ゲージ変換）されている．このゲージ変換を施すと，ハミルトニアンの非対角要素で有限な値を持つものがすべて負の値となり，基底状態の波動関数の値が正の実数となる（$\psi_{\mathrm{GS}}(\sigma) > 0, \forall\sigma$）ことが示せる（マーシャル符号則）．全スピンの z 成分の値によってハミルトニアンはブロック対角化されるが，基底状態が存在する全スピンの z 成分の値が 0 のブロックのサイズは今回の8サイトの場合はたった70である．この場合，容易に厳密対角化が実行できるので，変分法を投入する必要はないが，ここではあくまでデモンストレーションのために小さいサイズの系を扱う．

5.3.1 RBM 波動関数

4.1.1.1項で導入したように，制限ボルツマンマシン（RBM）波動関数は

$$\psi_\theta(\sigma) = \exp\left(\sum_i a_i \sigma_i^z\right) \times \prod_j 2\cosh\left(b_j + \sum_i W_{ij} \sigma_i^z\right) \tag{5.32}$$

と定義される．変分パラメータは $\theta = \{a_i, b_k, W_{ij}\}$である．1次元ハイゼンベルク模型のように基底状態波動関数の値が正の実数になるような場合は変分パラメータを実数に取ることができる．さらに，バイアス項 a_i, b_j はアップスピン，ダウンスピン間の対称性を破る効果があるが，今回のハミルトニアンではアップスピン，ダウンスピンは等価なのでそれらの値を 0 にしておく．その上で，基底状態波動関数の並進対称性から，W_{ij} のパラメータにも並進対称性を課すことにする．そうすれば $\psi_\theta(\sigma)$ も自然と並進対称性を満たす．このデモンストレーションでは隠れスピンの数は可視スピンの数と等しく取ることにする（隠れスピンの数は RBM の表現能力を規定するパラメータなので，本来は隠れスピンの数に対する収束性を調べる必要がある）．

この場合の RBM の構造は図 5.3 で表され，RBM 波動関数は

$$\psi_\theta(\sigma) = \prod_j 2\cosh\left(\sum_i W_{i-j} \sigma_i^z\right) \tag{5.33}$$

と表される．独立なパラメータは W_{i-j} $(i-j = 0, \ldots, 7)$ の8個である．

計算は5.2.3節に示されているようにネットワークの初期化 → 最適化（学習）という形で行われる．今回は最適化手法として SR 法を用いることにする．計算の実行結果を見る前に，SR 法を遂行するにあたって必要な物理量の計算

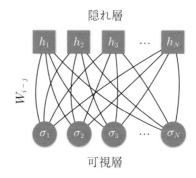

隠れ層

図 5.3 可視スピンと隠れスピンの数が等しく，可視スピンと隠れスピンの間の相互
作用に並進対称性を課した RBM の構造．今回のデモンストレーションにお
いては $N = 8$ である．

の詳細をおさらいすることにする．

5.3.2 SR 法における計算の詳細

SR 法を実行するにあたって重要な量は，コスト関数であるエネルギーの期
待値 $\langle \mathcal{H} \rangle$，勾配ベクトルの各要素 g_k，フビニ–スタディ計量テンソル S_{kl} であ
る（5.2.2.2 項参照）．例えばエネルギーの期待値 $\langle \mathcal{H} \rangle = \frac{\langle \psi_\theta | \mathcal{H} | \psi_\theta \rangle}{\langle \psi_\theta | \psi_\theta \rangle}$ は，

$$
\begin{aligned}
\frac{\langle \psi_\theta | \mathcal{H} | \psi_\theta \rangle}{\langle \psi_\theta | \psi_\theta \rangle} &= \frac{\sum_{\sigma\sigma'} \psi_\theta^*(\sigma) \mathcal{H}_{\sigma\sigma'} \psi_\theta(\sigma')}{\sum_\sigma |\psi_\theta(\sigma)|^2} \\
&= \frac{\sum_\sigma |\psi_\theta(\sigma)|^2 E_{\mathrm{loc}}(\sigma)}{\sum_\sigma |\psi_\theta(\sigma)|^2}
\end{aligned}
\tag{5.34}
$$

と変形することができる．ここで $\mathcal{H}_{\sigma\sigma'} = \langle \sigma | \mathcal{H} | \sigma' \rangle$，$E_{\mathrm{loc}}(\sigma) = \sum_{\sigma'} \mathcal{H}_{\sigma\sigma'} \frac{\psi_\theta(\sigma')}{\psi_\theta(\sigma)}$ である．スピン配置 σ の数は系のサイズが大きくなると
指数関数的に増えるため，σ に関する和を厳密に計算するには指数関数的な時
間がかかってしまう．そのため，系のサイズが大きい場合には，$|\psi_\theta(\sigma)|^2$ を重
みとしたモンテカルロサンプリングを行い，各サンプル σ_s（$s = 1, \ldots, N_{\mathrm{s}}$，
N_{s} はモンテカルロサンプル数）に対して計算した $E_{\mathrm{loc}}(\sigma_s)$ の平均を取ること
でエネルギー期待値を推定する：

$$
\langle \mathcal{H} \rangle \approx \frac{1}{N_{\mathrm{s}}} \sum_{s=1}^{N_{\mathrm{s}}} E_{\mathrm{loc}}(\sigma_s).
\tag{5.35}
$$

ここで，ローカルな相互作用のハミルトニアンなどの場合，ある一つの σ に対
して，$\mathcal{H}_{\sigma\sigma'}$ が有限な値を持つ σ' の数は $\mathcal{O}(N)$ であるために，$E_{\mathrm{loc}}(\sigma)$ を求め
る際の σ' に関する和の部分で計算コストが指数関数的に増えることはない．

また，$O_k = \sum_\sigma |\sigma\rangle O_k^{\mathrm{loc}}(\sigma) \langle \sigma|$，$O_k^{\mathrm{loc}}(\sigma) = \frac{\partial_k \psi_\theta(\sigma)}{\psi_\theta(\sigma)} = \partial_k \log \psi_\theta(\sigma)$ という
演算子を定義すると，$(O_k)_{\sigma\sigma'} = O_k^{\mathrm{loc}}(\sigma) \delta_{\sigma,\sigma'}$ と対角的になり

$$\langle O_k \rangle = \frac{\langle \psi_\theta | \partial_k \psi_\theta \rangle}{\langle \psi_\theta | \psi_\theta \rangle} = \frac{\sum_\sigma |\psi_\theta(\sigma)|^2 \, O_k^{\mathrm{loc}}(\sigma)}{\sum_\sigma |\psi_\theta(\sigma)|^2} \tag{5.36}$$

と計算される．系のサイズが大きい場合は，エネルギー期待値の場合と同様，$|\psi_\theta(\sigma)|^2$ を重みとしたモンテカルロサンプリングを行い，$O_k^{\mathrm{loc}}(\sigma)$ のサンプル平均によって値を推定する．$O_k^{\mathrm{loc}}(\sigma)$ の計算には出力である波動関数 $\psi_\theta(\sigma)$ の変分パラメータに関する微分 $\partial_k \psi_\theta(\sigma)$ が必要となるが，RBM 波動関数の場合は解析的な式が簡単に得られるのでそれに従って計算すればよい．深層の人工ニューラルネットワークを変分波動関数として使用する場合は，**誤差逆伝播法**[108]（リバースモードの**自動微分**）を用いることで比較的効率的に微分を計算することができる．

O_k 演算子は勾配ベクトルやフビニ–スタディ計量テンソルの計算にも登場する．勾配ベクトルに関しては

$$\begin{aligned}
g_k &= \left(\frac{\langle \psi_\theta | \mathcal{H} | \partial_k \psi_\theta \rangle}{\langle \psi_\theta | \psi_\theta \rangle} + \mathrm{c.c.} \right) - \left(\frac{\langle \psi_\theta | \mathcal{H} | \psi_\theta \rangle}{\langle \psi_\theta | \psi_\theta \rangle} \frac{\langle \psi_\theta | \partial_k \psi_\theta \rangle}{\langle \psi_\theta | \psi_\theta \rangle} + \mathrm{c.c.} \right) \\
&= 2\mathrm{Re}\langle \mathcal{H} O_k \rangle - 2\langle \mathcal{H} \rangle \mathrm{Re}\langle O_k \rangle,
\end{aligned} \tag{5.37}$$

フビニ–スタディ計量テンソルに関しては

$$\begin{aligned}
S_{kl} &= \mathrm{Re}\left(\frac{\langle \partial_k \psi_\theta | \partial_l \psi_\theta \rangle}{\langle \psi_\theta | \psi_\theta \rangle} - \frac{\langle \partial_k \psi_\theta | \psi_\theta \rangle}{\langle \psi_\theta | \psi_\theta \rangle} \frac{\langle \psi_\theta | \partial_l \psi_\theta \rangle}{\langle \psi_\theta | \psi_\theta \rangle} \right) \\
&= \mathrm{Re}\left(\langle O_k^\dagger O_l \rangle - \langle O_k^\dagger \rangle \langle O_l \rangle \right)
\end{aligned} \tag{5.38}$$

という式に従って計算がなされる（系のサイズが大きい場合にはモンテカルロ法によって推定する）．実際の計算では，S 行列の逆行列計算を安定化させるために，S 行列の対角要素にハイパーパラメータである微小量 ϵ_k を加えて（$S_{kk} \to S_{kk} + \epsilon_k$）計算を行うことが多い．

5.3.3　実行結果

さて，それでは実際の実行結果を見ていこう（計算手順は 5.2.3 節参照）．まず，RBM を用いて変分波動関数を用意し（5.3.1 節），そのパラメータを初期化する（図 5.4(a)）．初期パラメータには小さい値の乱数を用いる．次に，エネルギーをコスト関数として，そのコスト関数を最小化するようにパラメータの最適化を SR 法を用いて行う．図 5.4(b) は SR 法によってパラメータが更新され，それによってコスト関数の値が下がっていく様子が示されている．パラメータの更新回数が 300 回を超えたあたりで，RBM 波動関数のエネルギーは厳密な基底状態エネルギーを再現している．最適化後のパラメータを見てみると（図 5.4(a)），W_{i-j} は $i-j=0$ と $i-j=1$ で符号反転している．これは隣り合う σ スピン間が反強磁性的な配置になることを好むことを示していて，確かに

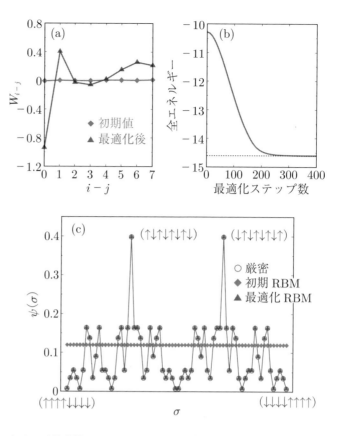

図 5.4　1 次元の反強磁性ハイゼンベルク模型（周期境界条件，8 サイト）に対する
　　　　RBM を用いた変分計算の例．(a) パラメータ W_{i-j} の値．(b) コスト関数で
　　　　ある全エネルギーの最適化ステップ依存性．最適化が進むにつれて厳密な基
　　　　底状態エネルギー（点線）に近づく．(c) 波動関数 $\psi(\sigma)$ の値．最適化前の
　　　　RBM 波動関数の値は σ にほぼ依存しない（特徴がない）のに対し，最適化
　　　　後の RBM 波動関数は厳密な基底状態波動関数と良く一致する．

RBM がハミルトニアンに内在する反強磁性的傾向を学んだことがわかる[*1]．

　系のサイズが大きい場合はすべてのスピン配置 σ に対して波動関数を計算し
たり，それを図示したりするのが困難であるが，今回は全スピンの z 成分が 0
のセクターにあるスピン配置のパターンは 70 通りなので，容易にすべての σ
に対して波動関数を計算することができる．図 5.4(c) は，初期 RBM 波動関数
と，最適化後の RBM 波動関数，参照元として厳密対角化によって求めた基底
状態波動関数の比較を行っている．最適化前の波動関数は特徴を持たない（値
が σ にほぼ依存しない）のに対し，最適化後の波動関数は厳密な基底状態波動
関数を再現していることがわかる．最適化が行われた後は，最適化後の波動関
数を使って，エネルギー以外にも相関関数などの様々な物理量を計算すること

---

*1)　並進対称性を課しているため $i-j$ の原点は任意だが，W_{i-j} の絶対値の大きさが一番
　　　大きいところを $i-j=0$ とした．

ができる.

　系のサイズが大きくなると，この例のようにすべてのスピン配置 σ（指数関数的にパターン数が増える）に対して網羅的に計算ができるわけではない．その場合は 5.3.2 節で示したように，モンテカルロ法を用いて物理量の期待値を推定することになる.

5.4 量子スピン模型に対するカルレオ–トロイヤーの数値結果

　5.3 節でデモンストレーションを行った人工ニューラルネットワークによる変分計算の先駆けとなったのはカルレオとトロイヤーの論文である[49]．その論文中には，1 次元の横磁場イジング・反強磁性ハイゼンベルク模型，および 2 次元正方格子上の反強磁性ハイゼンベルク模型に対して RBM 波動関数を適用した結果が掲載されている（図 5.5）．これらはすべて bipartite 格子上でフラストレーションのないスピン模型のため，ゲージ変換により基底状態波動関数の値を正の実数にすることができる（5.3 節でもゲージ変換を利用した）．このことを利用して，5.3 節と同様，カルレオとトロイヤーも変分パラメータを実数に取っている．また相互作用 W_{ij} のパラメータに関しても同様に並進対称を課している（そのため隠れスピンの数 M は可視スピンの数 N の整数倍となる）．$\alpha = M/N$ と定義すると，α が RBM 波動関数の精度を制御するパラメータとなる（5.3 節では $\alpha = 1$ を用いてデモンストレーションを行った）.

　新しい手法が導入されたときには，まずはその精度を見極めるベンチマークが必須になる．そのため，カルレオとトロイヤーの論文においても精度検証のベンチマークが主要な結果として提示されている．ベンチマークには信頼性のある参照データを数値的に得ることのできる模型への適用が望ましい．そのため厳密対角化ができる小さなサイズの系へ適用するか，もしくは他の数値手法で数値的に厳密な結果が得られる場合をベンチマークに用いることが多い．1 次元の横磁場イジング模型は自由フェルミオン模型にマップすることができて，その基底状態エネルギーを厳密に求めることができる．さらには，2.3 節でも議論したように，フラストレーションのない量子スピン系に対しては，量子モンテカルロ法が負符号問題なく適用することができ，1 次元や 2 次元ハイゼンベルク模型に対しても，エラーバーの範囲内で数値的な厳密解を得ることができる（基底状態波動関数の値が正の実数に取れることと負符号問題を回避できることは密接に関係している）．1 次元ハイゼンベルク模型などにおいては 1 次元で強力な手法として知られる DMRG のボンド次元を非常に大きく取ることによっても数値的に厳密なエネルギーが推定できる.

　さて，このように信頼性のある基底状態がわかっている状態での RBM 波動関数の精度検証の結果を見てみよう．図 5.5 を見ると，確かにすべてのハミ

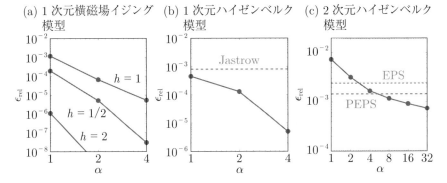

図 5.5 カルレオとトロイヤーによる RBM の変分計算結果. (a) 1 次元横磁場イジ
ング模型 $\mathcal{H} = -h\sum_i \sigma_i^x - \sum_i \sigma_i^z \sigma_{i+1}^z$（周期境界条件，80 サイト）(b) 1 次
元反強磁性ハイゼンベルク模型 $\mathcal{H} = \sum_i (-\sigma_i^x \sigma_{i+1}^x - \sigma_i^y \sigma_{i+1}^y + \sigma_i^z \sigma_{i+1}^z)$
（周期境界条件，80 サイト）(c) 2 次元反強磁性ハイゼンベルク模型
$\mathcal{H} = \sum_{\langle i,j \rangle} (-\sigma_i^x \sigma_j^x - \sigma_i^y \sigma_j^y + \sigma_i^z \sigma_j^z)$（周期境界条件，$10 \times 10$ 正方格子，
$\langle i,j \rangle$ は最近接スピン間のペア）に対する RBM 変分波動関数のエネルギーの
相対誤差 ϵ_{rel}. α は RBM の精度を制御するパラメータで，隠れスピンの数
M と可視スピンの数 N の比で定義されている $\alpha = M/N$. エネルギーの相
対誤差は $\epsilon_{\mathrm{rel}} = (E_{\mathrm{RBM}}(\alpha) - E_{\mathrm{exact}})/|E_{\mathrm{exact}}|$ で定義され，厳密な基底状態
エネルギー E_{exact} からのずれの大きさを表している. (b) における Jastrow
はジャストロー波動関数によるもの，(c) における EPS や PEPS はテンソ
ルネットワークの結果である（詳しくは本文参照）. いずれも文献[49] の数
値計算のデータを読み取って図を作成した.

ルトニアンに対して，α を増加させていくと，RBM の基底状態近似の精度が
上がりエネルギーの相対誤差が小さくなる様子が見て取れる. 第 4 章で人工
ニューラルネットワークとテンソルネットワークによる量子状態表現の比較を
行ったが，図 5.5(c) の 2 次元ハイゼンベルク模型の結果を見ると，α を増やし
ていくことで，エンタングルド・プラケット状態（entangled-plaquette states,
EPS）や 4.2.1.2 項で導入した PEPS などのテンソルネットワークの精度を上
回るような精度を得ることができている[*2].

5.5 適用の"本丸"

本章ではここまで，人工ニューラルネットワークによる変分法のアイデア
や，そのデモンストレーション，カルレオ−トロイヤーによる結果の紹介など
を行ってきた. これまでの例はすべてフラストレーションのない**量子スピン系**
への適用に限られている. フラストレーションのない量子スピン系の場合，量

---

*2) テンソルネットワーク手法は周期境界条件よりも開放境界条件のほうが計算コストや
精度の面で強みがあり，開放境界条件が計算に用いられることが多いことには注意され
たい.

子モンテカルロ法を負符号なく適用することができる．**負符号問題**が回避できるような量子多体模型の場合には，現存する数値手法の中で量子モンテカルロ法が最も強力な手法の一つとなっている．

しかし，一般の量子多体系では量子モンテカルロ法に負符号問題が発現し，波動関数の値も負の値を取ったり，より一般には複素数になったりする．そのような場合でも，本章で議論してきた変分法（変分波動関数を用意し，ヒルベルト空間のうちの一部の部分空間から解を探す手法）は負符号問題が陽に存在しない．変分法内でのモンテカルロサンプリングは $|\psi_\theta(\sigma)|^2$ を重みとして用いるため，定義上その重みが負になることがないからである．そのため，変分法が最も力を発揮する適用の"本丸"は，幾何学的フラストレーションのある量子スピン系や，フェルミオン系[*3] など，量子モンテカルロ法の適用が困難になる系と考えることもできる．

よって，これからも手法の改良とともにその精度検証を厳密対角化が可能な小さなサイズの系か量子モンテカルロ法の負符号が出ない特殊な場合で行っていく必要があるが，次のステップとして，ベンチマークを超えて，物理の難問として残っている基底状態の性質が未解決なハミルトニアンへ挑戦しようという試みも始まってきている．こちらに関しては 7.1.3 節で議論したいと思う．

5.6　一般の量子多体ハミルトニアンへの適用

これまではスピン 1/2 の量子スピン系への適用を例に取って議論を進めてきたが，第 2 章でも議論したように，量子多体ハミルトニアンはその構成する物理自由度によって様々な形を取る．以下では一般の量子多体系へ人工ニューラルネットワーク手法を適用するための一般論を述べる．

一般の量子多体ハミルトニアンの量子状態表現に人工ニューラルネットワークを適用するには大まかに 3 つの条件がある：

1. 量子状態 $|\psi\rangle$ をある基底 $\{|x\rangle\}$ で展開したとき $(|\psi\rangle = \sum_x |x\rangle \psi(x))$ の物理自由度の配置 x と人工ニューラルネットワークの入力層のデータの一対一対応関係を定義すること．
2. 波動関数は複素数や負の値も取り得るので，そのような場合は，人工ニューラルネットワークによって表現される波動関数の値が複素数や負の値を取れるように拡張すること．
3. フェルミオン系の場合，フェルミオンの反交換関係を考慮すること．

条件 1 に関しては，例えば RBM 波動関数の場合は，物理自由度の配置 x と可視スピン配置 v の間の一対一対応関係を考えることとなる．これまで議論してきたスピン 1/2 の量子スピン系の場合は，量子スピンの z 成分 σ_i^z と可視ス

[*3]　フェルミオンの交換関係から負符号が生じる．

ピンの状態 v_i を同一視していた．それ以外の一般の系の場合はマッピングの方法をケースバイケースで考える必要がある．この際，マッピングの方法は一意ではないので，マッピングの仕方によって性能に差が出る可能性があることには注意されたい（ただし，著者の知る限りどのマッピングが良いかの指標の一般論は知られていない）．

条件 2 については，4.1.1.1 項の RBM 波動関数で議論したように，人工ニューラルネットワークの出力自体を複素数にするという戦略と，波動関数 $\psi(x) = |\psi(x)|e^{i\phi(x)}$ の絶対値 $|\psi(x)|$ と位相 $\phi(x)$ 部分をそれぞれ独立の実数を出力にもつ人工ニューラルネットワークで表現するという戦略の大まかに 2 通りのアプローチがある．こちらもどちらが良いかの一般論は知られていないように思う．

条件 3 についても大まかに 2 つのパターンが考えられる．1 つ目は，波動関数の対称性を粒子の交換に対して反対称的になるようにするというもので，2 つ目は Jordan–Wigner 変換[134] や Bravyi–Kitaev 変換[135] などを用いてフェルミオン系のハミルトニアンをスピン系のハミルトニアンにマップし，そのマップされたスピン系の量子状態を人工ニューラルネットワークで表現するというものである[136]．フェルミオン系への拡張については 7.1.1 節でより詳しく議論したいと思う．

第 6 章
量子状態トモグラフィー

　未知なる量子状態が実験的に実現されている状況で，その具体的な表現を求めるタスクを量子状態トモグラフィーと呼ぶ．量子状態トモグラフィーは，実験的な操作を通じて得られた状態の物理的性質を調べる上で不可欠なだけではなく，量子技術の精度・成熟度を定量化する上でも極めて重要な役割を果たすことから，量子制御や量子計算をはじめとした，様々な量子情報処理分野で重要である．本章では，機械学習と量子技術の結節点として，人工ニューラルネットワークを用いた量子状態トモグラフィーに関して紹介する．

6.1　量子状態トモグラフィーとは

　第 5 章では，人工ニューラルネットワーク波動関数を変分波動関数として活用することによって，量子多体系の基底状態を計算できることを議論した．これはいわば，スーパーコンピュータや GPU などの計算機を活用した，量子多体系の古典シミュレーション手法と言える．本章では一転して，量子デバイス上で，何らかの量子状態を実験的に生成・制御する状況を考える．量子状態に対して意義のある情報処理を実行するには，古典デバイスの場合と同様に，操作が精密に行われたかどうかが保証されていることが望ましい．そこで，実験

表 6.1　物理状態に関する様々なトモグラフィー．

名称	ターゲット	学習データの生成源	学習器
（教師なし学習）	確率分布，熱平衡状態	古典	古典
量子状態トモグラフィー	波動関数 密度行列	量子	古典
量子プロセストモグラフィー	量子チャネル 量子デバイス上のノイズ	量子	古典
量子コンパイル	量子回路の圧縮	量子	量子

的に可能な測定を通じて，量子デバイス上の操作の信頼性を確かめることが，量子トモグラフィーの目的である．本章では，量子トモグラフィーの中でも（表 6.1），古典コンピュータを学習器として用いる場合を考える．その際，量子状態そのものに関する情報を得る場合は**量子状態トモグラフィー**（quantum state tomography, QST），ユニタリ操作やノイズなど量子チャネルの情報を得る場合は**量子プロセストモグラフィー**（quantum process tomography, QPT）と呼ばれている．容易に想像できるように，QPT は QST よりも大きな自由度を取り扱うほか，完全正値性のような複雑な制約を考慮する必要があることから，理論的・数値的な取扱いが難しい．本章では特に，QST に関して議論することにしよう．

まず，QST に関するイメージを掴むため，N 量子ビット系における QST を考えよう．例えば $N = 1$ の場合の密度行列は，係数 c_X, c_Y, c_Z を用いて

$$\rho = \frac{1}{2}(I + c_X X + c_Y Y + c_Z Z) \tag{6.1}$$

のように一意に表現される．ここで，I は 2×2 の単位行列であり，X, Y, Z はそれぞれパウリ行列の x, y, z 成分とする．量子状態 ρ を完全に復元することは，係数 c_X, c_Y, c_Z をすべて手に入れることと等価であるから，それぞれのパウリ演算子の期待値を求めればよいことになる．一般の N 量子ビット系の密度行列も同様に，パウリ演算子を用いて

$$\rho = \frac{1}{2^N} \sum_{P_Q \in \mathbb{P}^N} c_Q P_Q \tag{6.2}$$

のように一意に表されることが知られている．ここで，$\mathbb{P}^N = \{I, X, Y, Z\}^{\otimes N}$ はパウリ演算子の積が作る集合全体を表し，その元を P_Q と表した．特に，Q は Pauli string と呼ばれるもので，選ばれたパウリ演算子の情報を文字列として表現したものである．したがって，量子状態 ρ を完全に知るためには，4^N 個のパウリ演算子の期待値 $\langle P_Q \rangle = \mathrm{Tr}[\rho P_Q] = c_Q$ を求める必要がある．このように，量子状態を完全に再現することを目的としたトモグラフィーを完全量子状態トモグラフィー（完全 QST）と呼ぶ．量子ビット数 N が増えるにつれて，完全 QST に必要なコストが指数的に増大するのは想像に難くないだろう．

ヒルベルト空間の次元 d における量子状態 ρ に対して，測定を通じた量子状態の推定 $\hat{\rho}$ の L^2 ノルムが $\|\rho - \hat{\rho}\|_2 \leq \epsilon$ を満たすようにするという問題を考える．その際，何らかの測定を繰り返し行うためには，同一の ρ のコピーを準備する必要がある．長い間，完全 QST には $O(d^4/\epsilon)$ 個のコピーが必要であると信じられていたが，近年の研究により $O(d^2/\epsilon^2)$ 個で十分であり，オーダーとして最適であることが示されている[137,138]．

完全 QST は理論的に非常に興味深い問題であるものの，実験的な観点からは，指数的なコストは許容し難い．実際に，これまでの研究でも，完全 QST

の実験的実証は最大で 10 量子ビット程度に限られている[139]．そこで，復元する情報に何らかの制限を加えて，コピー数を抑えようという試みが生まれてきた．大きな流れは以下の 2 つである：

1. 変分表現：量子状態の推定 $\hat{\rho}$ を変分関数 ρ_θ によって表現する．
2. shadow tomography：最終的に興味があるのは物理量であると仮定して，物理量推定に特化した測定を行う[140]．

特に前者に関しては，第 3 章で紹介した**教師なし学習**と，第 5 章で導入した**変分波動関数**の内容を融合したものと捉えることができる．つまり，量子状態に関する測定で得られたデータを最もよく説明するような量子状態の学習器を構築する問題に帰着させている．量子多体系における変分計算と同様に，学習対象となる量子状態が特定の構造を持つ場合には，効率的に QST が実行できる．これまでに，**行列積状態を用いた QST**[141] や**人工ニューラルネットワーク**を用いた QST[127] が提案されており，急速に注目を集める方向性となっている．以下では特に，人工ニューラルネットワークを用いた QST に関して紹介しよう．以下に示される数値計算には，QuCumber と呼ばれるライブラリを用いた[142]．

6.2　量子状態トモグラフィーの原理

以下では，量子スピン系など局所バイナリ自由度 $\sigma = (\sigma_1, \ldots, \sigma_N)$ に関する量子多体状態を考えることにする．

6.2.1　古典確率分布のトモグラフィー（教師なし学習）

量子状態トモグラフィーに関して述べる前に，単一の確率分布（や確率測度）に関する教師なし学習について，いま一度まとめておこう．**最尤推定を用いた**教師なし学習は，データ $\mathcal{D} = \{\sigma_d\}_{d=1}^{D}$ が作る経験分布

$$p(\sigma) = \frac{1}{D} \sum_{d=1}^{D} \delta(\sigma, \sigma_d)$$

を最もよく説明するようなモデル分布関数 $q_\theta(\sigma)$ を構築することを指す．具体的には，コスト関数として，p と q_θ の間の**カルバック–ライブラー情報量（KL情報量）**

$$D_{\mathrm{KL}}(p\|q_\theta) = \sum_\sigma p(\sigma) \log \frac{p(\sigma)}{q_\theta(\sigma)} = -\frac{1}{D} \sum_{d-1}^{D} \log q_\theta(\sigma_d) + \mathrm{const.} \quad (6.3)$$

を最小化するよう，パラメータ θ を最適化することになる．特に学習器としてRBM を採用する場合には，モデル関数分布（もしくは変分関数）は

$$q_\theta(\sigma) = \frac{\sum_h e^{-E_\theta(\sigma,h)}}{Z_\theta}, \quad Z_\theta = \sum_{\sigma,h} e^{-E_\theta(\sigma,h)}, \quad (6.4)$$

$$E_\theta(\sigma, h) = -\sum_{i,j} W_{ij} \sigma_i h_j - \sum_i a_i \sigma_i - \sum_j b_j h_j \tag{6.5}$$

と与えられ，パラメータ更新における勾配は

$$\frac{\partial D_{\mathrm{KL}}}{\partial W_{ij}} = -\langle \sigma_i h_j \rangle_{\mathrm{data}} + \langle \sigma_i h_j \rangle_{\mathrm{model}}, \tag{6.6}$$

$$\frac{\partial D_{\mathrm{KL}}}{\partial a_i} = -\langle \sigma_i \rangle_{\mathrm{data}} + \langle \sigma_i \rangle_{\mathrm{model}}, \tag{6.7}$$

$$\frac{\partial D_{\mathrm{KL}}}{\partial b_j} = -\langle h_j \rangle_{\mathrm{data}} + \langle h_j \rangle_{\mathrm{model}} \tag{6.8}$$

のように評価されることになる．ここで，$\langle \cdot \rangle_{\mathrm{data}}$ はデータに関する（事後）確率分布による平均を，$\langle \cdot \rangle_{\mathrm{model}}$ はモデルから定義される確率分布による平均を表す．

具体例を通じてイメージを掴むため，古典的な確率分布に関するトモグラフィーを実行した例を紹介しよう．ここでは，1 次元の強磁性古典イジング模型の熱平衡状態に対応するギブス分布を，RBM によって学習することを考える．逆温度 β の熱平衡状態を記述する分布 $\rho_{\mathrm{eq.}}$ は

$$\rho_{\mathrm{eq.}} = \frac{1}{Z} \exp(-\beta \mathcal{H}), \tag{6.9}$$

$$\mathcal{H} = -\sum_i \sigma_i \sigma_{i+1} \tag{6.10}$$

のように与えられる．ここで，$\mathcal{H}$ は系のハミルトニアン，Z は分配関数で，スピン配位 σ に対するエネルギー $E(\sigma)$ を用いて $Z = \sum_\sigma e^{-\beta E(\sigma)}$ と定義される．

トモグラフィーを実行することで得られる結果が図 6.1 に示されている．学習データと RBM の確率分布から計算される KL 情報量は，はじめの 100 エポックほどで急速に減少し，その後の振舞いはなだらかになる．一般には，エポック数を増やしても KL 情報量が 0 に収束することはなく，学習中に物理量の評価に用いるミニバッチの大きさや，変分関数のパラメータ数，学習データのサイズなどの様々な要因により，有限の値をとる．特に，学習の後半では，サンプリングによる統計誤差の影響が顕著に見られるのが，図 6.1(a) から見て取れるだろう．また，図 6.1(b) から分かるように，ギブス分布のボルツマン重みは正確に学習されている．ここでは逆温度 $\beta = 1$ に対応する学習データを表示しているが，文献 [38] では，2 次元正方格子上の古典イジング模型の強磁性–常磁性相転移温度のように，臨界的な振舞いを示すような系においても，RBM によるトモグラフィーが精密に実行できることが示されている．一方で，文献 [39] では，深層化が必ずしもトモグラフィーの観点では利得をもたらさないことが数値的に示されている．これは，深層学習の最終目的が汎化性能を持つ非線形関数の構築にあることからも推し測れる結果だろう．

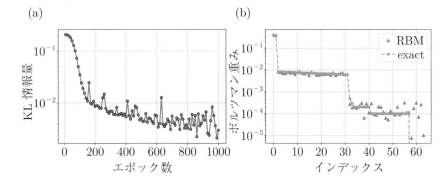

(a)　(b)

図 6.1　$N = 6$ スピンの 1 次元古典イジング模型の熱平衡状態に対応するボルツマン分布の教師なし学習/トモグラフィー. (a) 学習におけるコスト関数として採用された KL 情報量の学習曲線. (b) 主要な重みを持つ配位に対するボルツマン重みの比較. ここで, 点線で繋がれた丸は厳密な値を, 三角は RBM による学習結果を表す.

6.2.2　量子状態トモグラフィー（純粋状態）

次に, 量子状態に関するトモグラフィーを導入しよう. 古典系の場合には, 状態を表す密度行列は（適切な基底の下で）対角成分のみから構成されるため, 単一の「測定軸」だけで分布の情報をすべて抽出することができたが, 量子系を考える際には, 非対角成分 ρ_{ij} が非ゼロとなり, 本質的に確率混合のみでは記述できないものが主なターゲットとなる. 一見すると, 密度行列自体はエルミートなのだから, 適切なユニタリ V と対角行列 D を用いて $\rho = VDV^\dagger$ のように書くことができる. よって, V を作用させた上で測定すれば, 単一の測定軸からすべての情報が得られるように思われる. しかし, 実際には, 未知の量子状態 ρ に関する知識なしに V を構成することは一般にはできないため, 完全系をなすような測定演算子を用意することで, 完全 QST を実行することになる.

簡単のため, 以下では量子状態はスピン 1/2 の**量子スピン系**で記述されているものとしよう[*1]. 実験的にパウリ基底での射影測定[*2]が可能であると仮定し, それぞれの基底を $\boldsymbol{b} = (b_1, \ldots, b_N)$ $(b_i \in \{x, y, z\})$ と書くことにする. それぞれの基底で射影測定を実行すると, 量子状態からボルン則によって定まる確率分布 $p(\sigma^{[\boldsymbol{b}]}) \propto |\psi(\sigma^{[\boldsymbol{b}]})|^2$ に従うようなサンプルが得られることになる. 量子状態トモグラフィーのゴールは, それぞれの測定軸 $\boldsymbol{b}$ での確率分布が $q_\theta(\sigma^{[\boldsymbol{b}]}) \sim p(\sigma^{[\boldsymbol{b}]})$ となるように, パラメータ θ を学習することであるが, これは言い換えれば, 複数の測定軸に関して, 同時に教師なし学習を行なっている

[*1]　もちろん, 量子状態トモグラフィーの枠組みは一般の量子系に対して適用可能である.

[*2]　それぞれの量子ビットにおいて, パウリ演算子 X, Y, Z を対角化するような基底をパウリ基底と呼ぶ. 特に, パウリ基底での射影測定は, 局所パウリ測定と呼ばれることもある.

とみなせる．実際，RBM による QST を提案したトーライらの論文[127] では，コスト関数として

$$\text{Cost}(\theta) = \sum_b D_{\text{KL}}(p^{[b]} \| q_\theta^{[b]}) = \sum_b \sum_{\sigma^{[b]} \in \mathcal{D}^{[b]}} p(\sigma^{[b]}) \log \frac{p(\sigma^{[b]})}{q_\theta(\sigma^{[b]})} \quad (6.11)$$

を採用している．

　学習によってパラメータを最適化するには，それぞれの測定軸において式 (6.6), (6.7), (6.8) のような勾配評価が必要となる．そのためには，測定軸 b において RBM 波動関数からサンプリングを実行せねばならないが，これは第 5 章で議論した変分法におけるモンテカルロサンプリングを用いた期待値計算と全く同様な手続きによって行える．つまり，単一の計算基底 σ におけるサンプリングのみを実行して，射影測定演算子の期待値を

$$q_\theta(\sigma^{[b]}) = \langle \Pi_b \rangle = \frac{\sum_\sigma |\psi_\theta(\sigma)|^2 \widetilde{\Pi}_b(\sigma)}{\sum_\sigma |\psi_\theta(\sigma)|^2} \quad (6.12)$$

のように評価してやればよいことになる．ここで，対角化された射影演算子 $\widetilde{\Pi}_b(\sigma) = \sum_{\sigma'} \Pi_b(\sigma, \sigma') \frac{\psi_\theta(\sigma')}{\psi_\theta(\sigma)}$ を導入した．測定軸 b での射影演算子 Π_b は，計算基底での射影演算子 Π_Z と

$$\Pi_b = U_b^\dagger \Pi_Z U_b, \quad (6.13)$$

$$U_b = U_{b_1} \otimes \cdots \otimes U_{b_N} \quad (6.14)$$

のように結び付いていることに注意されたい．具体的には，それぞれのパウリ基底への変換は以下のように与えられる：

$$U_X = \frac{1}{\sqrt{2}} \begin{pmatrix} 1 & 1 \\ 1 & -1 \end{pmatrix}, \quad (6.15)$$

$$U_Y = \frac{1}{\sqrt{2}} \begin{pmatrix} 1 & -i \\ 1 & i \end{pmatrix}, \quad (6.16)$$

$$U_Z = \begin{pmatrix} 1 & 0 \\ 0 & 1 \end{pmatrix}. \quad (6.17)$$

また，より一般な測定演算子を用いることもあり，ベル基底などの複数の量子ビットに跨る局所測定などが考えられている．

6.2.2.1　具体例：横磁場イジング模型の基底状態

　まずは具体例として，1 次元**横磁場イジング模型**の基底状態を考えよう．模型のハミルトニアンは，

$$\mathcal{H} = -\sum_i Z_i Z_{i+1} - h \sum_i X_i \quad (6.18)$$

のように書ける．横磁場の強さは $h = 1$ とする．これは熱力学的極限におい

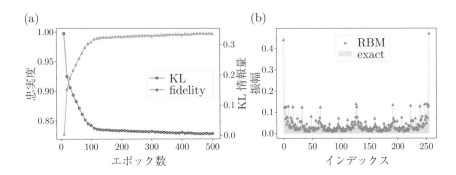

図 6.2　1 次元横磁場イジング模型における基底状態に関する，実パラメータのみから構成される RBM を用いた量子状態トモグラフィー. (a) KL 情報量およびフィデリティに関する学習曲線. 実パラメータの RBM によって非負の実振幅を持つ量子状態を学習していることから，両者は等価な情報を提供している. ここで丸が KL 情報量を，三角がフィデリティを表す. (b) 学習の結果得られた量子状態の振幅と，厳密な波動関数の比較. RBM による学習の結果は三角で，厳密な値は灰色の領域で囲むことで表した. ここで，実験データに関するサンプル数は $N_{\mathrm{samp}} = 10^4$ とした.

て，強磁性–常磁性相転移に対応する量子相転移を与えるパラメータになっており，相関関数などの物理量が臨界的な性質を示すことが知られている. ここで，ハミルトニアンの非対角成分のうち有限の値を持つものはすべて負であることから，有限系において基底状態は唯一存在し，その波動関数は非負の振幅を持つ. つまり，波動関数には非自明な位相構造がないため，古典の熱平衡状態に関するトモグラフィーと全く同様にして QST が実行できることになる. あえて両者の違いに言及すると，ギブス分布の場合にはボルツマン重みそのものを RBM で取り扱ったのに対して，今回は実パラメータを持つ RBM によって波動関数振幅を学習している点だが，本質的には全く等価である.

　$N = 8$ サイトの 1 次元横磁場イジング模型の基底状態に関する QST を実行した結果を図 6.2 に示した. 期待されたように，非常に高精度での QST が実現されているのがわかる. 今回のターゲット量子状態，学習器の量子状態がいずれも非負の振幅を持つ実ベクトルで記述されることを反映して，KL 情報量 D_{KL} と量子状態の忠実度（フィデリティ）F^2 は $1 - F^2 \propto D_{\mathrm{KL}}$ のように関連付けられている（図 6.2(a)）. それぞれの波動関数振幅が精度良く再現されていることは，図 6.2(b) からも読み取れるだろう.

6.2.2.2　具体例：複素位相を持つベル状態

　次に，本質的に単一の射影測定では再現できない量子状態に関する QST を紹介する. ここでは，量子情報におけるエンタングルメント理論・量子通信などにおいて非常に有用なリソース状態である，**ベル状態**に複素位相を付与した

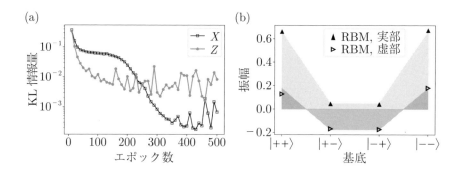

図 6.3　複素ベル状態状態 $|\Psi\rangle$ に関する QST．パラメータとして $\phi = \pi/6$ を採用した．(a) 計算基底を X 軸，Z 軸にとった場合の学習曲線．RBM の変分関数としての偏向性を反映して，学習の精度に違いが見られる．(b) X 基底 $\{|\pm\rangle\}$ を計算基底とした場合に学習された量子状態．RBM による学習の結果は三角で，厳密な値は灰色の領域（濃いほうが虚部）で囲むことで表した．

ものを考えよう．具体的には，QST のターゲットとして

$$|\Psi\rangle = \frac{1}{\sqrt{2}}\left(|00\rangle + e^{i\phi}|11\rangle\right) \tag{6.19}$$

を推定することに設定しよう．複素位相の影響で，Z 軸測定のみによって QST を実行することはできないことから，今回はすべてのパウリ基底で射影測定を試みる必要がある．簡単のため，今回は測定回数を均等に分配したが，一般には量子状態に関する予備知識を活用して，測定回数に偏りを持たせることも可能であり，また部分的に測定を終えた時点で，適応的に割り当てを変更することもできる．

　学習を通じて得られた結果を図 6.3 に示した．ここで，図 6.3(a) にて興味深いことに，RBM にて採用した計算基底に応じて，最終的な学習精度に大きな差が生まれていることがわかる．同様の傾向は変分法に基づく計算の際にも経験的に知られているが，変分関数の偏向性を考慮するような QST の手法はまだ提案されておらず，未開拓な領域となっている[*3)]．

6.2.3　量子状態トモグラフィー（混合状態）

　ここまでの議論では，暗に QST の対象となる量子状態が純粋状態であることを仮定としたフレームワークを紹介した．ただ，冷却原子系・超伝導量子ビット系・イオントラップなどをはじめとした量子デバイスを周囲から完全に

---

*3)　精度への要因は完全に明らかにはなっていないが，1 量子ビットにおいては以下のような描像が成り立つことがわかっている．ブロッホ球上の「極」に対応するような，Z 計算基底で表される状態に関しては，パラメータ空間上において実効的な距離が非常に大きくなり，学習の進みが遅くなってしまう．反対に，ブロッホ球の「赤道」に対応するような，X もしくは Y 計算基底で表される場合は，実効的な距離が小さく，学習がスムーズに進む．

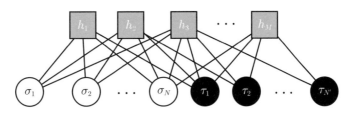

図 6.4　混合状態を表すための RBM 波動関数. 対象となる系の N 個のスピンを σ で，純粋化のための拡張ヒルベルト空間に対応する N' 個のスピンを τ で表して区別した.

孤立させることは極めて難しく，環境との相互作用を通じたノイズや制御の不完全性に由来するノイズが混入してしまう. このようなケースでは，実現されている量子状態を混合状態と仮定して，その密度行列を求めるようなプロトコルが実用的であると考えられる. これに対応して，学習するための変分関数も，混合状態に対応するように工夫しなければならないだろう.

　変分関数によって混合状態を表現する際，最もスタンダードな手法の一つとして，**純粋化**（purification）を用いるものが挙げられる. 純粋化とは，ターゲットとする混合状態を，補助的な自由度を付加した拡張ヒルベルト空間における純粋状態として表現するものである[*4)]. つまり，対象とする系 $\mathcal{S}$ の密度行列を ρ，補助系を $\mathcal{A}$ と表した際に，$\mathcal{S}$ と $\mathcal{A}$ からなる拡張された系の純粋状態 $|\Phi\rangle$ を用意して，

$$\rho = \mathrm{Tr}_{\mathcal{A}}[|\Phi\rangle\langle\Phi|] \tag{6.20}$$

のような関係が成り立つとき，混合状態 ρ は $|\Phi\rangle$ によって純粋化されている，という.

　混合状態の QST を実行するには，拡張ヒルベルト空間上で RBM 波動関数を準備すればよい. 対象となる系のスピンを σ，純粋化のために補助的に導入されたスピンを τ と書いて区別することにする. ここで，仮想的な相互作用の導入方法には何種類か考えられるが，特に図 6.4 に表されているような RBM 波動関数は，その表式が

$$|\psi_{\mathrm{RBM}}\rangle = \sum_{\sigma,\tau} \psi_{\mathrm{RBM}}(\sigma,\tau)|\sigma,\tau\rangle, \tag{6.21}$$

$$\psi_{\mathrm{RBM}}(\sigma,\tau) = \sum_h \exp\Big(\sum_{i,j} W_{ij}\sigma_i h_j + \sum_{j,k} W'_{jk} h_j \tau_k$$
$$+ \sum_i a_i \sigma_i + \sum_j b_j h_j + \sum_k d_k \tau_k \Big)$$

---

*4)　N 量子ビット系における任意の混合状態は，$2N$ 量子ビット系の純粋状態によって純粋化できることが知られている.

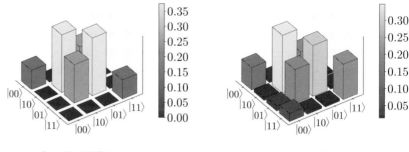

真の量子状態   NDO によるトモグラフィー

図 6.5　W 状態にノイズが加わった混合状態に対するトモグラフィーの結果．$N = 2$ なので 4 つのスピン配置を取り得るため，密度行列は 4×4 の行列となる．

$$= \prod_j 2\cosh\left(b_j + \sum_i W_{ij}\sigma_i + \sum_k W'_{jk}\tau_k\right)$$
$$\times \exp\left(\sum_i a_i\sigma_i + \sum_k d_k\tau_k\right) \tag{6.22}$$

のように与えられる．ただし，W_{ij} と W'_{kj} はそれぞれ，物理−隠れスピン間と隠れ−補助スピン間の相互作用を表し，a_i, b_j, d_k はそれぞれ物理，隠れ，補助スピンの仮想磁場である．拡張されたヒルベルト空間 $\mathrm{Span}\{|\sigma, \tau\rangle\}$ 上の純粋状態に関して，補助スピン τ をトレースアウトすることで得られる周辺分布が，興味のある系の混合状態を特徴付ける：

$$\rho = \sum_{\sigma, \sigma'}\sum_\tau \psi_{\mathrm{RBM}}(\sigma, \tau)^* \psi_{\mathrm{RBM}}(\sigma', \tau)|\sigma\rangle\langle\sigma'|. \tag{6.23}$$

このように表現された混合状態を総称して **neural density operator**（NDO）と呼ぶことがある．

　さて，変分関数の表式には変更が加わった一方で，学習方法は純粋状態のものと共通した手法が使える．つまり，実験的に実現可能な測定軸からサンプル $\mathcal{D}_{\boldsymbol{b}} = \{\sigma_d^{[\boldsymbol{b}]}\}_d$ が得られているとき，それぞれの測定軸における経験分布を再現するように，純粋化された波動関数のパラメータを最適化してやればよい．

6.2.3.1　具体例：脱分極ノイズに晒された W 状態

　上記の学習プロトコルによる混合状態の QST の具体例を考えよう．ここでは，ベル状態と並んで量子エンタングルメントの観点から重要な **W 状態**を扱うことにする．特に，$N = 2$ 量子ビット系における W 状態

$$|W\rangle = \frac{1}{\sqrt{2}}(|10\rangle + |01\rangle) \tag{6.24}$$

に対して，脱分極ノイズが加わることで以下のような混合状態が得られている

ものとする：

$$\rho = (1-p) |W\rangle \langle W| + \frac{p}{4} I. \tag{6.25}$$

ここで，p はノイズの強度を，I は恒等演算子を表す．

ノイズが $p = 0.5$ の大きさで印加されて生成された混合状態を図 6.5(a) に，混合状態に関して QST することで構成された混合状態を図 6.5(b) に示した．測定は全部で 900 サンプルから構成され，学習により量子状態のフィデリティは 97 % にも達した．図から分かるように，量子的な重ね合わせに起因する非対角成分を再現するとともに，古典的な確率混合に由来する対角成分のずれも表現できていることがわかる．

第7章
基底状態計算に関する進展

　人工ニューラルネットワークを用いた量子状態表現手法に関して，第5章では変分原理に基づいた手法について，第6章ではトモグラフィー手法について，主に基礎的事項を中心に議論を展開してきた．本章と次章では，近年の研究の進展に関する話題を提供することを目的とする．まず，本章では基底状態に対する手法に関する進展を述べる（次章は励起状態計算・実時間ダイナミクス・開放量子系・有限温度計算などを話題とする）．前半は変分原理に従ってパラメータを数値的に最適化することで基底状態を高精度に近似する手法を，後半は基底状態の情報を深層ニューラルネットワークに解析的に埋め込む手法を議論する．

7.1　変分法

　ここでは人工ニューラルネットワークを用いた**変分波動関数**手法の進展を議論する．**変分法**においては，エネルギーを**コスト関数**として変分パラメータを数値的に最適化することによって**基底状態**を近似する（第5章参照）．

　量子多体ハミルトニアンには様々な種類があるので（第2章参照），それに従って，人工ニューラルネットワークの応用例も多岐にわたる．この章では，それぞれの応用先について代表的な論文に従って結果を紹介するが，その際，物理変数の表記を元論文に従う場合も多い．そのため物理変数の表記の仕方が統一されていない場合があるが，そこは容赦していただきたい．

　さらに，残念ながら人工ニューラルネットワーク手法の性能を引き出すためには，特に人間が何も工夫することなく学習に任せればよいということにはなっていない．ケースバイケースで，物理自由度の配置をどう入力するか，人工ニューラルネットワークの構造をどのように設定するか，どの最適化手法を用いるか，**ハイパーパラメータ**をどう設定するか，などに気を遣う必要がある（これは一般の機械学習タスクの場合にも当てはまることである）．ここでは細

かな設定などの詳細には立ち入らず，ダイジェスト的に紹介を行う．また，使用される人工ニューラルネットワークの種類も多岐にわたるので，それぞれの人工ニューラルネットワークの動作原理にも立ち入らないこととする*1)．より詳細を知りたい読者の方は是非とも元論文に直接当たっていただきたい．

7.1.1 適用範囲の拡張

これまで議論してきたように，人工ニューラルネットワークを用いた量子状態表現手法の最初の適用対象は幾何学的フラストレーションのない量子スピン系であった．それ以降，世界中で様々に手法拡張や改良が行われ，現在では様々な系への適用が進んでいる．以下では，5.6 節で述べた 3 つの条件（下に再掲）に従って，量子スピン系，フェルミオン系，ボソン系，フェルミオン–ボソン結合系への拡張の様子を見ていこう．

1. 量子状態 $|\psi\rangle$ をある基底 $\{|x\rangle\}$ で展開したとき（$|\psi\rangle = \sum_x |x\rangle \psi(x)$）の物理自由度の配置 x と人工ニューラルネットワークの入力層のデータの一対一対応関係を定義すること．
2. 波動関数は複素数や負の値も取り得るので，そのような場合は，人工ニューラルネットワークによって表現される波動関数の値が複素数や負の値を取れるように拡張すること．
3. フェルミオン系の場合，フェルミオンの反交換関係を考慮すること．

7.1.1.1 フラストレーションのある量子スピン系への適用拡張

条件 1 については，スピン 1/2 の量子スピン系の場合，ほぼすべての論文において，量子スピンの z 成分 σ_i^z の値をそのまま入力層のデータに使用している*2)．条件 2 については，5.4 節でカルレオとトロイヤーによる先駆的な結果を紹介した際には，適用対象が bipartite 格子上でフラストレーションのない量子スピン模型であったために，適切なゲージ変換によって基底状態波動関数の値を正の実数にすることができるので，実数のパラメータを持つ RBM（この場合，出力が正の実数になる）を適用していた．しかし，**幾何学的フラストレーションのある系**に対しては，基底状態波動関数が負の値を取るようになる．このような場合においては，人工ニューラルネットワークの出力自体が波動関数のノード構造を直接表せるようにするアプローチ（例えば[144] など）や，波動関数の絶対値とその符号を別の人工ニューラルネットワークで表すアプローチ（例えば[145] など）が試されている（5.6 節も参照のこと）．1 次元の

---

*1) いくつかの人工ニューラルネットワークの動作原理と，人工ニューラルネットワークをどのように量子多体波動関数として用いるかは3.2 節，3.3 節，4.1 節で議論しているので復習されたい方はご参照いただきたい．

*2) 例外として，スピンの配置を全スピン角運動量でラベルされるような基底での表現に変換し，それを入力として用いることで，波動関数に SU(2) 対称性を課そうという研究もある[143]．

表 7.1　人工ニューラルネットワークを用いた変分法のフェルミオン系への適用拡張の状況. ANN は人工ニューラルネットワークを表す. 適用対象として分子を挙げている場合, その対象は孤立原子, 2 原子系, 水素鎖なども含まれる.

著者（出版年）	手法	主な適用対象	文献
Nomura *et al.* (2017)	ジャストロー型	格子模型	[50]
Luo *et al.* (2019)	バックフロー型	格子模型	[146]
Han *et al.* (2019)	反対称化 ANN	連続空間, 分子	[147]
Choo *et al.* (2020)	スピン模型へマップ	連続空間, 分子	[52]
Pfau *et al.* (2020)	バックフロー型	連続空間, 分子	[148]
Hermann *et al.* (2020)	バックフロー＋ジャストロー型	連続空間, 分子	[149]
Stokes *et al.* (2020)	ジャストロー型	格子模型	[150]
Yoshioka *et al.* (2021)	スピン模型へマップ	連続空間, 固体	[53]
Inui *et al.* (2021)	反対称化 ANN	格子模型	[151]
Moreno *et al.* (2022)	拡張ヒルベルト空間＋射影	格子模型	[152]
Cassella *et al.* (2023)	バックフロー型	連続空間, 電子ガス	[153]

J_1–J_2 ハイゼンベルク模型に対する RBM 波動関数の適用に関しては, 両方のアプローチのパフォーマンスの比較がなされており, この場合には前者のほうがパフォーマンスが良いことが示されている[119]（ただし, これが一般の量子スピン系すべてで成り立つ保証は全くない）.

　フラストレーションのある量子スピン系への拡張は, フラストレーションのない量子スピン系への適用からの一番素直な拡張なので, 人工ニューラルネットワークを使った変分法の業界の中で一番盛んに研究がなされている. その際, どのようにすればその計算の性能を引き出せるか, は重要な問題である. これについては 7.1.2 節で詳しく議論することとする.

7.1.1.2　フェルミオン系への適用拡張

　フェルミオン系への適用を考えた場合, フェルミオンの演算子に反交換関係があることを考慮に入れる必要がある. 大別してフェルミオン系への適用のアプローチは 2 つのタイプに分けることができる（表 7.1）：1 つ目のアプローチは, 波動関数が反対称的になるように変分状態を構成するやり方である[50,146–153]. 2 つ目のアプローチでは, 量子状態ではなくハミルトニアン側に反交換関係の効果を取り込む[52,53]. ここでは, 前者の例として文献 [50], 後者の例として文献 [53] を取り上げることとする.

● 波動関数を反対称的にするアプローチ[50]

　[50] は, 世界で初めて相互作用するフェルミオン系へ適用拡張を行った論文であり, 代表的なフェルミオンの格子模型である 2 次元正方格子上のハバード模型への適用とベンチマークがなされている. ハミルトニアンは

$$\mathcal{H} = -t \sum_{\langle i,j \rangle} \sum_{\sigma} c_{i\sigma}^{\dagger} c_{j\sigma} + U \sum_i n_{i\uparrow} n_{i\downarrow} \tag{7.1}$$

で与えられ，ホッピング t（遍歴性を好む）とオンサイトの相互作用 U（局在性を好む）が競合し合う模型である．$\langle i,j \rangle$ は最近接のサイトペアを表す．ハバード模型の説明に関しては 2.2.2.1 項も参照されたい．

　フェルミオン系の一番の特徴はフェルミオンの反交換関係（条件 3）であるが，この論文では RBM 波動関数と物理の分野で用いられるペア積（pair-product，略して PP）状態[*3]の積で表される RBM+PP 波動関数を導入した：

$$\psi(x) = \psi_{\mathrm{RBM}}(x)\psi_{\mathrm{PP}}(x). \tag{7.2}$$

ここで，ペア積状態は

$$|\psi_{\mathrm{PP}}\rangle = \Big(\sum_{i,j=1}^{N_{\mathrm{site}}} f_{ij}^{\uparrow\downarrow} c_{i\uparrow}^{\dagger} c_{j\downarrow}^{\dagger} \Big)^{N_{\mathrm{e}}/2} |0\rangle \tag{7.3}$$

（N_{site} はサイト数，N_{e} は電子数，$f_{ij}^{\uparrow\downarrow}$ が変分パラメータ）と記述され，粒子の交換に関して反対称的になる[*4]．一方で RBM パートは粒子の交換に関して波動関数の符号が変化しないので，反対称的な PP パートと対称的な RBM パートの積として全体で RBM+PP 波動関数は反対称的な性質を持つことになる．

　次に条件 1 について見ていこう．ハバード模型の場合，物理自由度の配置はフォック基底 $|x\rangle = |n_{1\uparrow}, n_{1\downarrow}, \ldots, n_{N_{\mathrm{site}}\uparrow}, n_{N_{\mathrm{site}}\downarrow}\rangle$ で指定することができる．RBM パートにおいてこの物理自由度の配置 x と可視スピン配置 v のマッピングの仕方は一意ではないが，[50] においては，$2N_{\mathrm{site}}$ 個の可視スピンを導入し，$(v_{2i-1}, v_{2i}) = (2n_{i\uparrow} - 1, 2n_{i\downarrow} - 1)$, $i = 1, \ldots, N_{\mathrm{site}}$ と定義している．

　条件 2 については，RBM パートが実数の変分パラメータを持つ場合には RBM パートは正の実数値を与えるので PP パートのノード構造がそのまま全体の波動関数のノード構造を決定するが，RBM パートを複素数にした場合には PP パートから原理上ノード構造が変化できるような設定となる（[50] においては前者が採用されている）．

　図 7.1 に，[50] における数値計算の結果を示す．正方格子上のハバード模型においてはフィリングがハーフフィリングという特別な場合において，QMC 手法が負符号なく適用することができる．RBM+PP は新しく導入された変分波動関数なので，まずはその精度を検証する必要がある．そのため，[50] においては，ハーフフィリングの系に RBM+PP 波動関数を適用し，QMC の結果を参照としてその基底状態近似の精度を検証している．

[*3]　化学の分野では geminal と呼ばれている．

[*4]　反対称的な波動関数の代表例はスレーター行列式で表される波動関数などがある．PP 波動関数はスレーター行列式波動関数を拡張したものという見方をすることもできる[154]．

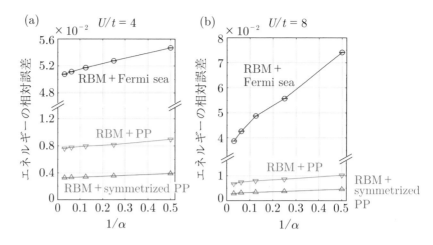

図 7.1 2次元正方格子上のハバード模型（8×8 格子，周期境界–反周期境界条件，ハーフフィリング）の (a) $U/t = 4$，(b) $U/t = 8$ における人工ニューラルネットワークによる基底状態近似のエネルギーの精度．横軸の α は $\alpha =$(隠れスピンの数)/(可視スピンの数) で与えられ，縦軸の値は QMC の結果からのエネルギーの相対誤差を表す．ベンチマークのため，RBM と組み合わせる波動関数を，フェルミの海状態（$U/t = 0$ における基底状態），PP 状態，PP 状態に運動量射影を加えて並進対称性を課したもの，の3通りを試している[50]．

　図 7.1 においてはベンチマークのため，RBM と組み合わせる波動関数を，(i) フェルミの海状態（$U/t = 0$ における基底状態），(ii) PP 状態，(iii) PP 状態に運動量射影を加えて並進対称性を課したもの，の3パターンを試している．パターン (i) の場合は，フェルミの海状態が変分パラメータを含まないので RBM の変分パラメータだけを最適化している．パターン (ii)，(iii) の場合は，RBM パートにも PP パートにも変分パラメータが存在するので，それらの両方とも最適化を行うこととなる．最適化には**確率的再配置法**（SR 法）が用いられている．結果を見ると，パターン (i) から (iii) に向かって精度が大幅に向上している（エネルギーの相対誤差が減る）ことがわかる．また，RBM パートの隠れスピンの数を増やすことによっても精度が向上する．隠れスピンの数が無限大の極限で，エネルギーの相対誤差が 0 に向かわないのは，RBM パートの変分パラメータが実数であるために RBM パートが波動関数のノード構造を変えることができないことが影響していると思われる．

　図 7.1 の結果を以下のようにして解釈するのも面白い．式 (7.2) を少し書き直すと，

$$\frac{\psi_{\text{true}}(x)}{\psi_{\text{PP}}(x)} = \psi_{\text{RBM}}(x) \tag{7.4}$$

というように，真の波動関数 $\psi_{\text{true}}(x)$ を PP 波動関数 $\psi_{\text{PP}}(x)$ で割ったものを人工ニューラルネットワーク（この場合は RBM）で近似するという問題だと

解釈することもできる．こうなると RBM と組み合わせる反対称的な波動関数が真の波動関数の良い近似になっていればいるほど，RBM に対する負担が減り，RBM の学習を助けるという見方を取ることができる．PP 波動関数は反強磁性状態や超伝導状態など様々な状態を表現できる強力な変分波動関数となっており，フェルミの海状態よりもはるかに精度良く電子間の量子相関を記述することができる．図 7.1 の結果は，RBM のパートナーとなる関数がより良いものになればなるほど，ハバード模型の基底状態の近似性能が向上することを示している．

この結果は，物理の難問に人工ニューラルネットワーク手法を適用するに当たって実用上の重要な知見を与えてくれている．人工ニューラルネットワークには普遍近似性能があり，ネットワークのサイズを大きくすることで系統的改善が可能であるものの，計算時間やメモリの関係からネットワークサイズを任意に大きくできるわけではない．また，7.1.2 節でも触れるが，ネットワークのサイズが大きくなることによる原理的な表現能力向上と，学習の容易さにはトレードオフのような関係がある（3.5 節も参照）．よって，強力な変分波動関数（今回の場合は PP 波動関数）を用いて予め重要な量子相関を取り込むことで，人工ニューラルネットワークの学習のトレードオフ問題を改善して，比較的小規模な人工ニューラルネットワークでも高精度の量子状態表現が可能になると思われる．このような工夫は，試用レベルにとどまっていた人工ニューラルネットワーク手法を実用に足る世界最高水準レベルに押し上げ，量子多体物性研究を強く駆動する原動力をもたらしている（7.1.3 節参照）．

● ハミルトニアンに反交換関係の効果を取り込むアプローチ[53]

[53] で述べられているアプローチでは，フェルミオン系のハミルトニアンは **Jordan–Wigner 変換**[134] や **Bravyi–Kitaev 変換**[135] を通じて，反交換関係の効果も取り込んだ形で量子スピン系のハミルトニアンにマップされる．例えば，Jordan–Wigner 変換は，フェルミオンの順序付けを固定することで符号の不定性を取り除くように規定されており，具体的には

$$c_p := (-1)^{p-1} \left(\prod_{q<p} \sigma_q^z \right) \sigma_p^+, \tag{7.5}$$

$$c_p^\dagger := (-1)^{p-1} \left(\prod_{q<p} \sigma_q^z \right) \sigma_p^- \tag{7.6}$$

のように与えられる．ここで，c_p $(c_p^\dagger)$ は p 番目のフェルミオンの消滅（生成）演算子を指し，$\sigma_q^z, \sigma_p^\pm$ はそれぞれマッピングにより得られたスピンに対応するパウリ演算子の z 成分，および昇降演算子である（電子スピンなどの内部自由度を含めた順序付けを実行したことに注意されたい）．これを用いると，$p < q$ の下で 1 体演算子に関する変換式が

$$c_p^\dagger c_q = \sigma_p^- \left(\prod_{p<r<q} \sigma_r^z \right) \sigma_q^+, \tag{7.7}$$

$$c_p^\dagger c_q + \text{h.c.} = \frac{1}{2} \left(\sigma_p^x \left(\prod_{p<r<q} \sigma_r^z \right) \sigma_q^x + \sigma_p^y \left(\prod_{p<r<q} \sigma_r^z \right) \sigma_q^y \right) \tag{7.8}$$

のように得られる．また，2 体演算子に関しても，同様な計算から，

$$c_p^\dagger c_p c_q^\dagger c_q = \frac{1}{4} \left(1 - \sigma_p^z \right) \left(1 - \sigma_q^z \right) \tag{7.9}$$

などの変換式が得られる（一般の k 体演算子への拡張は各自への演習問題としたい）．

上の変換式を用いると，一般にハバード型ハミルトニアン

$$\mathcal{H} = \sum_{p,q} t_{pq} c_p^\dagger c_q + \sum_{p,q,r,s} v_{pqrs} c_p^\dagger c_q^\dagger c_r c_s \tag{7.10}$$

で記述されるフェルミオン系は，上述のマッピングを施すと，パウリ演算子 $P_Q \in \{\sigma^0, \sigma^x, \sigma^y, \sigma^z\}^{\otimes N}$ を用いて

$$\mathcal{H} = \sum_Q c_Q P_Q \tag{7.11}$$

のように書けることがわかる．ただし，$c_Q \in \mathbb{R}$ はフェルミオン表示のハミルトニアンから得られる係数である．一般に，Jordan–Wigner 変換を施すと，量子スピン表示のハミルトニアン (7.11) は $O(N)$ のサイトに跨るパウリ演算子（すなわち非局所の相互作用が現れる）の和として与えられ，Bravyi–Kitaev 変換を施す場合には $O(\log N)$ のサイトに跨る演算子の和として与えられる[*5]．

ハミルトニアンがスピン演算子の表現で与えられれば，通常のスピン系の場合と同様に，人工ニューラルネットワークを用いた変分計算が可能となる．例えば，RBM を変分波動関数に用いる際には，

$$|\psi\rangle = \sum_\sigma \psi_{\text{RBM}}(\sigma) |\sigma\rangle \tag{7.12}$$

の形で量子状態を表現し，変分原理に従ってパラメータを最適化してやればよい．具体的に，固体中の電子状態に関して基底計算を実行した結果を図 7.2 に示した．ここでは，ハミルトニアンは式 (7.10) によって与えられ，一般に全結合的な相互作用が実現されているため，$O(N^4)$ 程度のパウリ演算子の和として与えられている．[53] では，$d = 1, 2, 3$ 次元の固体の原子構造を固定した際

---

*5) 一見すると，Bravyi–Kitaev 変換の局所性が低く抑えられていることから好ましいように思われるかもしれない．Jordan–Wigner 変換を用いた場合には，フェルミオン表示における計算基底とスピン表示における計算基底が一致する，という性質を持つことから，古典計算の文脈では都合が良いことが多い．例えば，粒子数保存則を満たすようなモンテカルロサンプリングの実装が，非常に簡便に実行できる，というご利益がある．もちろん，Bravyi–Kitaev 変換を用いた場合も同様な処置は可能である[52]．

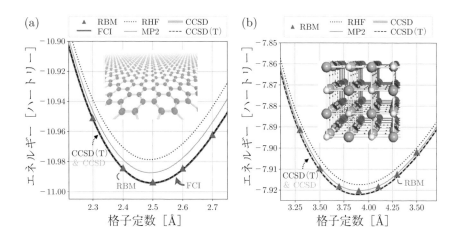

図 7.2 固体中の電子状態に関する基底エネルギー計算. 計算対象は (a) グラフェン, (b) LiH 立方結晶であり, 横軸はそれぞれの格子定数を, 縦軸はエネルギーを表している. 比較対象として, 制限ハートリー–フォック法 (RHF), 結合クラスター法 (CCSD および CCSD(T)), 摂動論 (MP2), 厳密対角化 (FCI) による結果を示している. いずれの領域においても, RBM による計算精度は化学精度 (1.6×10^{-3} ハートリー) を下回っている[53].

の電子状態が, 弱相関から強相関まで種々の性質を持つこと, およびそれらの高精度な計算が RBM によって可能であることが示されている.

7.1.1.3 ボソン系への適用拡張

さて, 斎藤らはボース–ハバード模型に適用を行った[51,155]. 本項では, 特に周期境界条件の下で計算が行われた文献[155] に従って議論を展開する. ボース–ハバード模型は, 例えば, **冷却原子系**である光格子中のボソン原子の運動を記述するのに用いることができる. そのハミルトニアンは,

$$\mathcal{H} = -t \sum_{\langle i,j \rangle} b_i^\dagger b_j + \frac{U}{2} \sum_i n_i(n_i - 1) \tag{7.13}$$

で与えられる. ここで, $b_i^\dagger$, b_i はボソン粒子の生成・消滅演算子で, それらの粒子はホッピング t でサイト間を飛び移り, オンサイトの相互作用 U を持つ. $\langle i,j \rangle$ は最近接のサイトペアである. ボソン系なので各サイトの占有数 $n_i = b_i^\dagger b_i$ は, フェルミオンの場合は 0 か 1 なのに対し, 2 以上の値も取ることができる.

[155] では, 全結合型のニューラルネットワークと畳み込みニューラルネットワークの 2 通りをサイト数 M, 粒子数 N の 1 次元ボース–ハバード模型 (周期境界条件) に適用している. ボース–ハバード模型では, 各サイトのボソンの占有数によるフォック基底 $|\bm{n}\rangle = |n_1, \ldots, n_M\rangle$ で波動関数を展開できる. 物理自由度の配置と入力層のマッピング (条件 1) は, ニューラルネットワーク

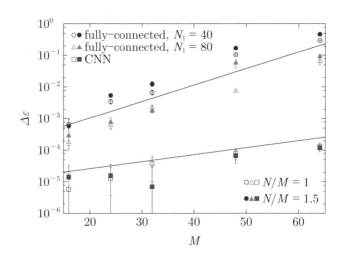

図 7.3　人工ニューラルネットワーク（ANN）手法と DMRG 手法のエネルギー差
$\Delta\varepsilon = \frac{1}{N}(E_{\mathrm{ANN}} - E_{\mathrm{DMRG}})$. N, M はそれぞれ粒子数，サイト数．隠れ層
を 1 層持つ順伝播型の全結合型（fully-connected）ニューラルネットワーク
（N_1 は隠れ層のユニット数）の結果と，2 層の畳み込み層を持つ畳み込み
ニューラルネットワーク（CNN）の結果が比較されている．実線は上から，
$\Delta\varepsilon \propto \exp(0.12M)$, $\Delta\varepsilon \propto \exp(0.05M)$ を示している[155].

の入力 x_i を $x_i = n_i - N/M$, $i = 1, \ldots, M$，すなわち，サイト数と同じだけ
の入力ユニット（ニューロン）を入力層に用意し，占有数を平均占有数で引い
たものを入力に使用している．条件 2 に関しては，ニューラルネットワークの
出力層の出力ユニット（ニューロン）を 2 つ導入し（$L-1$ の隠れ層を通じた
演算の結果としての出力である $u_1^{(L)}$ と $u_2^{(L)}$），

$$\psi(\boldsymbol{n}) = \exp\left(u_1^{(L)} + iu_2^{(L)}\right) \tag{7.14}$$

と波動関数を表すことによって条件を満たしている．ニューラルネットワーク
のパラメータの設定の詳細は元論文[155]を参照されたい．パラメータの最適化
には主に **Adam** が用いられている．

　図 7.3 にサイト数 M，粒子数 N の 1 次元ボース–ハバード模型（周期境界
条件）に対する数値計算の結果が示されている．1 次元においては DMRG が
非常に強力な数値手法になっているので，[155] では DMRG の基底状態エネル
ギーとのエネルギー比較を行っている．この論文では，全結合型のニューラル
ネットワークよりも畳み込みニューラルネットワークのほうが精度が向上した
ことが報告されている．畳み込みニューラルネットワークは同じ数の隠れ層を
用意した場合，全結合型のニューラルネットワークに包含されており（パラ
メータに制限を課すと畳み込み型になる），原理上，後者は前者よりも多体波
動関数をより正確に表現する能力を持っているはずである．しかし，畳み込み
ニューラルネットワークを包含するような全結合型ニューラルネットワークを

持ってきても，数値計算上では，畳み込みニューラルネットワークのほうが良い精度を示す．全結合型のニューラルネットワークは畳み込みニューラルネットワークに比べてパラメータの自由度が大きく，最適化が非効率的となってしまうのに対し，畳み込みニューラルネットワークは系の並進対称性を考慮し，パラメータの数が少ないために最適化を効率的に行うことができたと[155]では考察されている．3.5 節でも議論した学習の容易さに関するトレードオフの問題が顕在化した可能性がある．この点に関しては，7.1.2 節でも議論する．

7.1.1.4 フェルミオン–ボソン結合系への適用拡張

フェルミオンとボソンの自由度が相互作用する代表的な系として電子自由度とフォノン自由度（格子振動の自由度）からなる系がある．ここでは，電子格子結合系に対して人工ニューラルネットワーク手法を適用した文献[156] に従って，フェルミオン–ボソン結合系への拡張のアイデアを紹介する．

適用対象とした模型はフェルミオン–ボソン結合系の中でも代表的な模型である**ホルスタイン模型**である．1 次元のスピンレスホルスタイン模型（スピン自由度がないフェルミオンとボソンがオンサイトで相互作用する模型）のハミルトニアンは

$$\mathcal{H} = -t\sum_i (c_i^\dagger c_{i+1} + \text{h.c.}) - g\sum_i \left(n_i - \frac{1}{2}\right)(b_i^\dagger + b_i) + \hbar\omega \sum_i b_i^\dagger b_i \quad (7.15)$$

で与えられる．t がホッピング，g が電子格子相互作用，ω がフォノンの周波数のパラメータである（電子格子結合系の説明に関しては 2.2.2.3 項も参照）．

[156] においては，電子の占有数 n_i とフォノンの占有数 m_i で指定することのできる実空間配置 x [$x = (x_{\text{el}}, x_{\text{ph}})$, $x_{\text{el}} = (n_1, \ldots, n_{N_{\text{site}}})$, $x_{\text{ph}} = (m_1, \ldots, m_{N_{\text{site}}})$] に対して，以下の波動関数を導入した：

$$\psi(x) = \psi_{\text{RBM}}(x)\, \psi_{\text{el}}(x_{\text{el}})\, \psi_{\text{ph}}(x_{\text{ph}}; x_{\text{el}}). \quad (7.16)$$

ここで，ψ_{el}，ψ_{ph} はそれぞれ電子，フォノン部分の一体部分を表す波動関数である（その詳細は元論文[156] を参照されたい）．この一体部分が粒子の交換に対して反対称的になっているので，フェルミオン部分が満たすべき対称性を満たすことができる（条件 3）．

電子とフォノンの間の非自明な量子相関は RBM によって表現されている．その際，各サイトあたり $M+1$ 個の可視スピンを導入し，そのうち 1 つを電子自由度に，残りの M 個をフォノン自由度に充てることで条件 1（x と可視スピン配置のマッピング）を満たしている．電子自由度に対しては，該当するサイトの電子の占有数（電子がいるかいないか）を用いて可視スピン自由度にマップし，フォノンに対しては，フォノンの占有数を 2 進数で表すことで 0 から $2^M - 1$ までのフォノンの占有数を表すことができる．したがって，このマッ

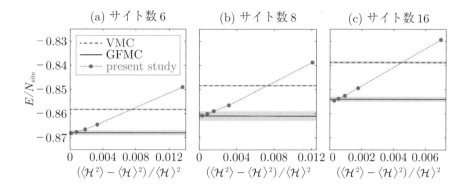

図 7.4　式 (7.15) で表される 1 次元のスピンレスホルスタイン模型（$\omega/t = 1$, $g/t = 1.5$, ハーフフィリング）に対するエネルギー．丸によって示された データ点が人工ニューラルネットワークによる相関因子を用いた波動関数の 結果で，右から左にかけて，$\alpha =$ (隠れスピンの数)/(可視スピンの数) の値 が $\alpha = 0, 2, 4, 8, 32$ のデータがプロットされている．横軸はエネルギーの 分散 $\Delta_{\mathrm{var}} = (\langle \mathcal{H}^2 \rangle - \langle \mathcal{H} \rangle^2)/\langle \mathcal{H} \rangle^2$ である．比較対象として変分モンテカル ロ（VMC）法の結果[157] と，グリーン関数モンテカルロ（GFMC）法の結 果（網掛け部分はエラーバーの大きさを示している）[158] も図に掲載されて いる[156]．

ピングによって全部で $N_{\mathrm{site}}(M + 1)$ 個（N_{site} はサイト数）の可視スピンが導 入されることになる．RBM はこれらの可視スピン間の相関を表現するが，元 の物理自由度の言葉で解釈すると，電子–電子間，フォノン–フォノン間，電子– フォノン間の量子相関が取り込まれることとなる．

　波動関数は，一体部分 ψ_{el}, ψ_{ph} にも，RBM にも変分パラメータが含まれ るので，それらのパラメータをすべて最適化して，基底状態を近似する．最 適化には SR 法が用いられている．こちらも新しく導入された変分波動関数 なので，まずはベンチマーク計算が行われている．図 7.4 がその結果である． RBM パートの隠れスピンの数を増やすことによって，基底状態近似の精度が 上がり，エネルギー期待値が下がると同時にエネルギーの分散の期待値も 0 に 近づく．厳密にハミルトニアンの（基底状態を含む）固有状態を表現できた極 限においてはエネルギー分散の期待値は 0 となるので，今回の場合は，エネル ギー分散は変分量子状態がどれだけ基底状態に近いかの指標となる．実際，精 度が向上していった先で，エラーバーの範囲内で数値的に厳密な結果を与える グリーン関数モンテカルロ（Green's function Monte Carlo, GFMC）法の結 果[158] と良い一致を示している．変分計算の中で一番良い精度だった変分モン テカルロ（VMC）法の結果[157] に比べて大幅に精度の向上に成功しているこ とがわかる．

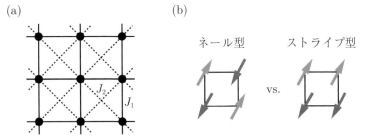

図 7.5 (a) 2 次元正方格子上の J_1–J_2 反強磁性ハイゼンベルク模型．J_1 が最近接スピン間相互作用，J_2 が次近接スピン間相互作用である．(b) J_1 はネール型の反強磁性スピン配置を好み，J_2 はストライプ型の反強磁性スピン配置を好むため，両者は競合する．

このようにフェルミオン部分とボソン部分の一体部分を用意し，人工ニューラルネットワークで相関因子を表現するという手法は，電子–格子結合系のみならず一般のフェルミオン–ボソン結合系にも適用が可能である．

7.1.2　実用上の問題：どうやれば精度が出るか？

ここまで，人工ニューラルネットワークを活用した変分法が様々な系に適用拡張されつつあることを見てきた．ご覧いただく中で感じていただけたかもしれないが，系の性質によって，人工ニューラルネットワークによる変分波動関数の構成の仕方を変える必要があり，どのような系に対してもこのように波動関数を構成するのが良いという普遍的な指針は現状ない．

どのように波動関数を構成すれば一番精度が出るか？という重要な問題に対しても，現状わかっていないことが多い．そのため，ここでは，最もよく比較検証がなされている 2 次元正方格子上の J_1–J_2 ハイゼンベルク模型を例にとって話を進めることとする．

2 次元の正方格子上の J_1–J_2 反強磁性ハイゼンベルク模型（図 7.5(a)）は，代表的なフラストレーションのある量子スピン模型の一つであり，そのハミルトニアンは，

$$\mathcal{H} = J_1 \sum_{\langle i,j \rangle} \boldsymbol{S}_i \cdot \boldsymbol{S}_j + J_2 \sum_{\langle\langle i,j \rangle\rangle} \boldsymbol{S}_i \cdot \boldsymbol{S}_j \tag{7.17}$$

で与えられる（$J_1 > 0$, $J_2 > 0$）．$\langle i,j \rangle$ は最近接のサイトペアを，$\langle\langle i,j \rangle\rangle$ は次近接のサイトペアを表す．図 7.5(b) に示すように，J_1 はネール型の反強磁性スピン配置を，J_2 はストライプ型の反強磁性スピン配置を好むため，両者が競合して，フラストレーション効果が生ずる．特に $J_2/J_1 = 0.5$ あたりでフラストレーションが強くなり，スピンが絶対零度でも整列しない量子スピン液体という特殊な量子もつれ状態が安定化する可能性がある（幾何学的フラストレーション効果，および，量子スピン液体に関しては 2.2.2.2 項も参照）．

表 7.2 2 次元正方格子上の J_1–J_2 反強磁性ハイゼンベルク模型（10×10 格子，$J_2/J_1 = 0.5$，周期境界条件）におけるエネルギーの比較（$J_1 = 1$ がエネルギーの単位，エネルギーが低いほうが精度が良いと考えられる）．波動関数の種類が太字になっているものは人工ニューラルネットワークを活用している．文献[159]では，VMC 波動関数に対して p 次のランチョスステップが適用されている．CNN は畳み込みニューラルネットワーク，GCNN は群同変な畳み込みニューラルネットワーク（group convolutional neural network）を表し，w.f. は wave function の略である．

サイトあたりのエネルギー	波動関数の種類	文献
$-0.49516(1)$	**CNN**	[160]
$-0.49521(1)$	VMC ($p=0$)	[159]
-0.495530	DMRG	[161]
$-0.49575(3)$	**RBM-fermionic w.f.**	[162]
-0.49717	**CNN**	[163]
$-0.497437(7)$	**GCNN**	[164]
$-0.497549(2)$	VMC ($p=2$)	[159]
$-0.497629(1)$	**RBM+PP**	[165]

ハミルトニアンは非常に単純な形をしているが，量子モンテカルロ法を適用しようとすると負符号問題が生じ，その基底状態の性質に関する研究は主に変分法によってなされている．したがって，その変分法の精度を上げていくことが，J_1–J_2 ハイゼンベルク模型の解明につながることになる．

表 7.2 は 2 次元正方格子上の J_1–J_2 反強磁性ハイゼンベルク模型（10×10 格子，$J_2/J_1 = 0.5$，周期境界条件）に対して様々な変分法による基底状態エネルギーの精度を比較したものである．この比較をもとに，性能を引き出すための知見をいくつかのポイントに分けて議論する．

- **対称性**：高い精度を達成するには，量子状態が持つ対称性を考慮することが非常に重要となる．実際，人工ニューラルネットワークを用いた変分法において精度の良い結果を報告しているものは，いずれも何かしらの変分波動関数の対称化を行っている．対称性の課し方にはいくつか方法がある．例えば，一番はじめに RBM 波動関数を導入した文献[49]では，変分パラメータに並進対称性を課すことで，出力である波動関数も並進対称性を持つようになっている．近年では，人工ニューラルネットワークにより構築された量子状態を特定の量子数の部分空間に射影する方法[144]がよく用いられている（量子数射影[166]によりどのように精度が改善されるかは図 7.6 を参照）．残念ながら，どの程度精度が改善できるかは，対称性の課し方に依存してしまう（例えば文献[167]を参照）．したがって，どのように対称性の制約を課すかという点に関しては注意深くそのやり方を設計

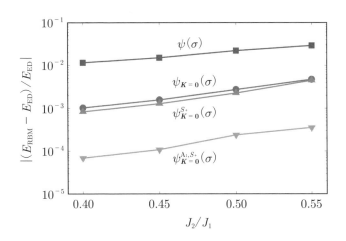

図 7.6　6×6 正方格子上の J_1–J_2 ハイゼンベルク模型（周期境界条件）における
　　　　RBM 波動関数（隠れスピンの数はサイト数の 2 倍）の精度に対する対称化
　　　　の効果．E_{ED} は厳密対角化によって得られた基底状態エネルギー．何も対称
　　　　性を課していない RBM 変分波動関数 $\psi(\sigma)$ の結果よりも，量子数射影をし
　　　　て対称化した波動関数の結果のほうが良い精度を示す．適用した量子数射影
　　　　は以下の通りである：全運動量（$K = 0$），スピンパリティ（偶パリティ（図
　　　　中では S_+ と表記されている）），C_{4v} 点群の A_1 既約表現．文献[144] の数値
　　　　計算データをもとに作成した．

する必要がある[*6)]．

- **組合せ**：変分波動関数を構成するときに，異なる種類の波動関数を組み
  合わせて一つの変分波動関数を構成することもできる．この考えは，プ
  ラクティカルに精度を出そうと考えた場合には重要になってくる．と
  いうのも，人工ニューラルネットワークのパラメータの最適化の容易さ
  （trainability）と表現能力の間にはトレードオフのような関係があるから
  である．7.1.1.2 項でも議論したように，人工ニューラルネットワークを
  他の強力な変分波動関数と組み合わせることによって，人工ニューラル
  ネットワーク部分の変分パラメータの数が少ない状況でも精度の高い計
  算を実行できるようになる．そのため，人工ニューラルネットワーク部分
  のパラメータ数が増えていったときにパラメータの最適化（学習）が難
  しくなるという問題を軽減することができる．実際，10×10 正方格子，
  $J_2/J_1 = 0.5$，周期境界条件という条件の下では，量子スピン系のヒルベル
  ト空間に射影された PP 状態と RBM を組み合わせた変分波動関数によっ
  て非常に高い精度が達成されている[165]．

- **最適化（学習）の容易さ**：深層ニューラルネットワークを用いると，原理

[*6)]　対称性の制約を課すもう一つの利点として，基底状態と違う対称性を持つ量子状態を
　　　構築することで励起状態計算が可能になることが挙げられる．詳しくは 8.1.2 節を参照
　　　されたい．

上は浅い構造を持つニューラルネットワークよりも，より良い基底状態エネルギーの精度を達成できるはずであるが，パラメータの最適化（学習）が難しくなることが，その性能を引き出す上で問題となる．大規模な計算資源を投じ，エネルギー最適化の際のデータ数を増やすことで，初期のCNNの結果[160]よりも良い精度を達成できたという報告もある[163]．変分状態が満たすべき対称性を注意深く考慮することでも，学習が難しくなるという問題を軽減することができる[164]．さらに，より良いパラメータの最適化手法を開発することも学習の安定性を担保する上で重要な課題となる．この重要な課題に関する非常に興味深い試みとして，パラメータ数に対してモンテカルロサンプリングのサンプル数が圧倒的に少ないような領域でSR法を効率的に実行する手法（minSR法と呼ばれている）の開発が挙げられる[168,169]．これらの論文においては，大量の変分パラメータ（$\mathcal{O}(10^{5-6})$）をminSR法で最適化することによって，表7.2のベンチマークでも採用されている10×10正方格子，$J_2/J_1 = 0.5$，周期境界条件の条件の下で，文献[165]の結果（変分パラメータの数は13,132）をも凌駕する精度のエネルギーが得られている．

以上を簡単にまとめると，人工ニューラルネットワークによる学習は万能ではないので，その性能を引き出すためには，人間の手による工夫が必要である．そのため，精度向上のために有用な対称性の情報は最大限使うほうが良い．また，2023年以降の進展として，minSR法などの開発[168,169]によってより多くのパラメータを効率的に最適化できるようになってきてはいるものの，やはり，パラメータ数が少ない状況でより精度が出せるほうが好ましい．そのため，パラメータの最適化手法の開発と同時並行でより良い変分波動関数の関数形を模索していく必要もある．変分波動関数の新たな構成の仕方として注目したいのが，トランスフォーマー型の波動関数の導入である．畳み込みニューラルネットワークの場合，長距離の量子相関を取り入れるのにはある程度の層の数が必要だが，トランスフォーマー型はアテンション機構によって長距離の量子相関を原理上一発で取り込むことができる．トランスフォーマー型の波動関数を導入することで，量子スピン模型に対して精度の良い変分計算ができつつあるという報告が挙がってきており[169,170]，これからの進展に注視する必要がありそうである．

7.1.3　ベンチマークを超えて挑戦的な問題へ適用

　人工ニューラルネットワークを用いた変分法は2017年に導入され，まだ比較的新しい手法なので，現在進行形で開発が進んでいる．7.1.2節でも議論したように，その性能を引き出すためには，工夫が必要となる．しかし，同時に，きちんとした計算条件の設定がなされていれば，世界最高精度での変分計算が

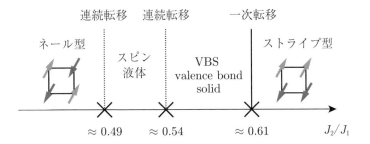

図 7.7　人工ニューラルネットワークを用いた変分法により求められた正方格子上の J_1–J_2 ハイゼンベルク模型の基底状態相図[165].

可能になってきていることもわかってきた.

　このように精度の高い変分計算が可能な場合は，未解決な量子多体問題に適用し，その物理の解明を目指すのは大変興味深いことである. 実際，精度が出るかどうかをチェックするベンチマーク計算を超えて，物理の解明を目指す方向性の研究も出始めている.

　文献[165] では RBM+PP 波動関数を用いてフラストレーションのある量子スピン系である 2 次元正方格子上の J_1–J_2 ハイゼンベルク模型の絶対零度相図の研究がなされた. このような難しい系の相図決定においては，世界最高峰レベルの精度が求められるとともに，いかに有限系の計算から熱力学極限（サイト数が無限大）の相境界を見積もるかという問題もある. 前者は，7.1.2 節でも議論されているが，対称性を考慮すること，RBM と PP という強力な変分波動関数を組み合わせてより強力な変分波動関数を構成していることなどにより達成されている. 後者に関しては，相関比（基底状態解析）とレベルスペクトロスコピー（励起構造解析，励起状態の計算の進展は 8.1.2 節参照）の 2 つの独立な解析のクロスチェックによって熱力学極限の見積もりの不確定性を軽減している. 基底状態と励起構造は密接な 1 対 1 関係があり，両者が一致した結果を出すことは結果の信頼性を大幅に向上させた.

　その結果，図 7.7 のような相図が得られ，**量子スピン液体**相が有限の幅を持って存在することが明らかになった. また，量子スピン液体相が示す特殊な量子もつれ構造によってスピノンと呼ばれる分数励起が発現すること，またその分数励起がディラック型の分散を持つということが計算から示唆されている. 電子は真空中ではこれ以上分割できない素粒子であると考えられているが，物質中では分裂して新たな機能を持った粒子になるという創発多体現象の発現は，物質制御の広大な可能性の一端を示しており，非常に興味深い.

　他にも，文献[171] においては，3 次元パイロクロア格子上のハイゼンベルク模型の研究が行われている. パイロクロア格子は最近接スピン間の相互作用のみでも幾何学的フラストレーションの効果が存在する. [171] では，RBM,

CNN，多変数変分モンテカルロ（many-variable VMC, mVMC）法[154] を用いてパイロクロア格子上のハイゼンベルク模型を調べ，特徴のない量子スピン液体ではなく，対称性の破れた状態が基底状態として実現されると結論した．

このように，研究の最前線は開発／ベンチマークから"真の応用"へと移行しつつある（もちろん手法の開発も同時に続けなければならない）．新たな手法である人工ニューラルネットワーク手法が，物理の挑戦的課題を解き明かす研究のフェーズまで発展してきたことは意義深い．

7.1.4 オープンソースパッケージの開発

人工ニューラルネットワークを用いた変分法に関しては，オープンソースパッケージの開発も進んでいる．例として，NetKet[172,173] を挙げておこう．また，5.3 節で議論した 1 次元ハイゼンベルク模型に対するデモンストレーションの結果を再現するための最低限の機能を実装したソースコードも github 上[174] で公開してあるので，興味ある方は参照していただきたい．

7.2 基底状態を表す深層ボルツマンマシンの解析的な構築

7.2.1 アイデア

第 5 章では幾何学的フラストレーションのない量子スピン系を用いて変分法の導入を行なった．そこで導入した SR 法は，ハミルトニアンによる微小虚時間発展を変分波動関数の表現能力の範囲内でできるだけ忠実に再現する手法である．この場合，パラメータの最適化は数値的に行うこととなり，7.1.2 節で議論したように最適化（学習）の容易さの問題も浮上する．

文献 [175] では，非常に表現能力の高い深層学習モデルを用いると，虚時間発展を任意の精度，かつ解析的に再現できるということが示されている*7)．基底状態と直交しない状態を初期状態として十分長いハミルトニアン虚時間発展を作用させると，基底状態を得ることができる．そのため，初期状態を深層学習モデルで表現し，虚時間発展を深層学習モデルで解析的に再現することができれば，基底状態を表現する深層学習モデルを構築することができる．ここではそのアイデアについて深掘りしていこう．

7.2.2 虚時間発展を再現するための解

[175] で用いられた人工ニューラルネットワークは 3.3.3 節で導入した深層ボルツマンマシン（DBM）である．スピン 1/2 の量子スピン系への適用を想定し，可視スピンの状態を量子スピンの z 成分と同一視するとその波動関数は

---

*7) 2017 年夏にカルレオ氏が東大（当時著者（野村）が助教として所属していた）に 1 カ月ほど滞在することになり，そこでの共同研究の成果である．

$$\psi_\theta(\sigma) = \sum_{h,d} \exp\left(\sum_i a_i \sigma_i^z + \sum_j b_j h_j + \sum_k b_k' d_k + \sum_{i,j} W_{ij} \sigma_i^z h_j + \sum_{j,k} W_{jk}' h_j d_k\right)$$

$$(7.18)$$

で与えられる．深層スピン d の自由度がないと，制限ボルツマンマシン（RBM）の構造に帰着する．DBM はこの深層の自由度があることによって，RBM よりも波動関数の表現能力が大きく向上することが示されている[123]．

それではこの深層自由度の存在が，虚時間発展を解析的に再現するのに大きな役割を果たすことを見ていくこととする．例として，**横磁場イジング模型**

$$\mathcal{H} = \sum_{l<m} V_{lm} \sigma_l^z \sigma_m^z - \sum_l \Gamma_l \sigma_l^x \tag{7.19}$$

を考えることとする．V_{lm} が古典的なイジング型の相互作用，$\Gamma_l \, (> 0)$ は横磁場である．まず，ハミルトニアンを古典イジング相互作用項 $\mathcal{H}_1 = \sum_{l<m} V_{lm} \sigma_l^z \sigma_m^z$，横磁場項 $\mathcal{H}_2 = -\sum_l \Gamma_l \sigma_l^x$ に分割し（$\mathcal{H} = \mathcal{H}_1 + \mathcal{H}_2$），虚時間発展を鈴木–トロッター分解する：

$$e^{-\tau\mathcal{H}} \simeq \left(e^{-\delta_\tau \mathcal{H}_2} e^{-\delta_\tau \mathcal{H}_1}\right)^{N_\tau}. \tag{7.20}$$

ここで，$\delta_\tau = \tau/N_\tau$ は微小虚時間である[*8)]．DBM によって表現される量子状態 $|\psi_\theta\rangle$ に対して，微小虚時間発展が作用した状態 $e^{-\delta_\tau \mathcal{H}_\nu} |\psi_\theta\rangle \, (\nu = 1, 2)$ を新たなパラメータセット $\bar\theta$ を持つ DBM 状態 $|\psi_{\bar\theta}\rangle$ によって厳密に再現できれば，そのパラメータ更新を続けることによって虚時間発展を任意の精度で再現することが可能になる．すなわち，満たすべき式は C_ν を定数として

$$e^{-\delta_\tau \mathcal{H}_\nu} |\psi_\theta\rangle = C_\nu |\psi_{\bar\theta}\rangle \tag{7.21}$$

である．

解の具体的な求め方は[175]を参照していただくこととして，ここでは得られた解を議論する．まずイジング相互作用項による微小虚時間発展 $e^{-\delta_\tau \mathcal{H}_1}$ の要素である $e^{-\delta_\tau V_{lm} \sigma_l^z \sigma_m^z}$ は，隠れスピン $h_{[lm]}$ を導入し，以下の新たなパラメータを導入することで再現することができる（図 7.8(a)）[*9)]：

$$W_{l[lm]} = \frac{1}{2}\mathrm{arcosh}\left(e^{2|V_{lm}|\delta_\tau}\right), \tag{7.22}$$

$$W_{m[lm]} = -\mathrm{sgn}(V_{lm}) \times W_{l[lm]}. \tag{7.23}$$

既存のパラメータの更新は必要ない．

一方，横磁場項による微小虚時間発展 $e^{-\delta_\tau \mathcal{H}_2}$ の要素である $e^{\delta_\tau \Gamma_l \sigma_l^x} |\psi_\theta\rangle$ の

---

*8) 実際の計算にはより精度の高い近似公式である $e^{-\tau\mathcal{H}} \simeq (e^{-\frac{\delta_\tau}{2}\mathcal{H}_2} e^{-\delta_\tau \mathcal{H}_1} e^{-\frac{\delta_\tau}{2}\mathcal{H}_2})^{N_\tau}$ を用いている．ここでは簡単のためより単純な分解の式を示している．

*9) これは補助スピンを導入して相互作用を分解するハバード–ストラトノビッチ変換と本質的に等しい．

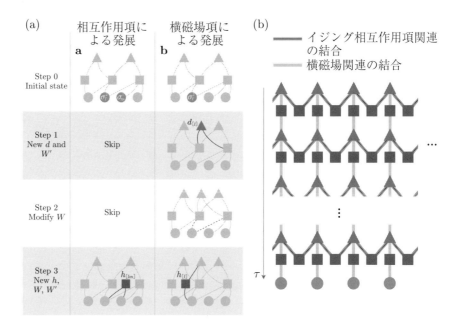

図 7.8　(a) 横磁場イジング模型の古典イジング相互作用項による微小虚時間発展 $e^{-\delta_\tau V_{lm}\sigma_l^z\sigma_m^z}$，横磁場項による微小虚時間発展 $e^{\delta_\tau \Gamma_l \sigma_l^x}$ を再現する DBM のパラメータの変化．丸が可視スピン，四角が隠れスピン，三角が深層スピンを表す[175]．(b) 1 次元横磁場イジング模型（最近接相互作用のみ，一様横磁場）$\mathcal{H} = \mathcal{H}_1 + \mathcal{H}_2$, $\mathcal{H}_1 = -J\sum_i \sigma_i^z\sigma_{i+1}^z$, $\mathcal{H}_2 = -\Gamma\sum_i \sigma_i^x$ の基底状態を表す DBM 状態．一見多数の隠れ層があるように見えるが，スピンを描く場所を変更することによって図 3.2(d) のように隠れ層が 2 層の構造に帰着することができる．

解はもう少し複雑になる（図 7.8(a)）．隠れスピン $h_{[l]}$，深層スピン $d_{[l]}$ を一つずつ導入し，以下の新たな結合パラメータを導入する：

$$W'_{j[l]} = -W_{lj}, \tag{7.24}$$

$$W_{l[l]} = \frac{1}{2}\mathrm{arcosh}\left(\frac{1}{\tanh(\Gamma_l \delta_\tau)}\right), \tag{7.25}$$

$$W'_{[l][l]} = -W_{l[l]}. \tag{7.26}$$

その上で，既存のパラメータの変化として，l 番目の可視スピンと隠れスピンの結合はすべて 0 となる（$\bar{W}_{lj} = 0, \forall j$）．

　ここでは横磁場イジング模型の例を扱ったが，ハミルトニアンが変わるとハミルトニアンの分解の仕方や，分解されたハミルトニアンの各部分による微小虚時間発展を満たすための DBM のパラメータの更新の式も変わることになる．[175] では横磁場イジング模型以外にもハイゼンベルク型のスピン相互作用に対する解法も議論しているので，興味ある方はご参照いただきたい．

7.2.3　数値計算の例

　基底状態と直交しない初期量子状態を DBM によって準備し，鈴木–トロッター分解されたハミルトニアンによる虚時間発展を DBM のパラメータ変化によって厳密に再現する（式 (7.21) を満たす DBM のパラメータ更新を次々と適用する）．十分長い虚時間発展を再現することによって，基底状態を表す DBM 状態を解析的に構築することができる．

　例として，1 次元横磁場イジング模型（最近接相互作用のみ，一様横磁場）$\mathcal{H} = \mathcal{H}_1 + \mathcal{H}_2$，$\mathcal{H}_1 = -J \sum_i \sigma_i^z \sigma_{i+1}^z$，$\mathcal{H}_2 = -\Gamma \sum_i \sigma_i^x$ を考える．この場合，すべての結合が 0 の "空" のネットワーク構造の DBM 状態 $|\psi_{\theta_0}\rangle$ から出発し，鈴木–トロッター分解されたハミルトニアンによる虚時間発展を作用させた状態 $\left(e^{-\delta_\tau \mathcal{H}_2} e^{-\delta_\tau \mathcal{H}_1} \right)^{N_\tau} |\psi_{\theta_0}\rangle$ を自明な定数項を除いて厳密に再現する DBM ネットワークは図 7.8(b) で与えられる．有限の結合パラメータを持つ隠れスピン・深層スピンの数は N_τ と系のサイズに比例することとなる．

　DBM 波動関数（式 (7.18)）の値を数値的に厳密に求めるには隠れスピン・深層スピンの数に対して指数関数的に時間がかかる（3.3.3 節も参照）．そのため，得られた DBM 状態に対してエネルギーや相関関数などの物理量を計算するには，可視スピンのスピン配置に加え，隠れスピン・深層スピンのスピン配置に対してもモンテカルロ法を適用する必要がある[*10)]．

　よって計算手順は以下のようにまとめられる．

1. 初期 DBM 状態を用意する．
2. 鈴木–トロッター分解されたハミルトニアンによる虚時間発展を初期 DBM 状態に作用させた DBM 状態を解析的に構築する．
3. 得られた DBM 状態に対して，可視スピン，隠れスピン・深層スピンの自由度に対するモンテカルロサンプリングを行うことによって物理量を計算する．

　この手法を 1 次元横磁場イジング模型と 1 次元反強磁性ハイゼンベルク模型に適用し，数値計算を行った結果を図 7.9 に示す．図 7.9(a) は虚時間発展を厳密に計算することができる小さいサイズ（20 サイト）を用いた 1 次元横磁場イジング模型のベンチマーク結果である．すべての結合が 0 の "空" の DBM が表す状態（プロダクト状態，すなわちエンタングルメントがない状態）に厳密なエネルギーの虚時間発展を作用させたもの（実線）と，DBM 手法の結果（DBM_0 とラベルされているもの）を比べたものである．DBM 手法は確かに厳密な結果を良く再現することがわかる．深層スピンを持たない RBM の範囲内で虚時間発展を近似した結果（ARBM とラベルされているもの）も示されているが，こちらは次小節で議論する．

---

*10)　隠れスピンもしくは深層スピンのどちらか一方の自由度に対しては解析的に状態和を取ることができるので，どちらか一方は解析的に状態和をとり，もう一方のスピン配置に関してモンテカルロ法を適用してもよい．

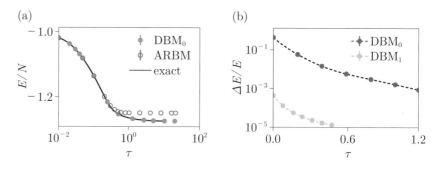

図 7.9 (a) 1 次元横磁場イジング模型 $\mathcal{H} = \mathcal{H}_1 + \mathcal{H}_2$, $\mathcal{H}_1 = -J \sum_i \sigma_i^z \sigma_{i+1}^z$, $\mathcal{H}_2 = -\Gamma \sum_i \sigma_i^x$（$J = \Gamma = 1$, 20 サイト, 周期境界条件）のサイトあたりのエネルギーの虚時間発展, (b) 1 次元反強磁性ハイゼンベルク模型 $\mathcal{H} = \mathcal{H}_1 + \mathcal{H}_2$, $\mathcal{H}_1 = J \sum_i^{\mathrm{even}} \boldsymbol{S}_i \cdot \boldsymbol{S}_{i+1}$, $\mathcal{H}_2 = J \sum_i^{\mathrm{odd}} \boldsymbol{S}_i \cdot \boldsymbol{S}_{i+1}$（$J = 1$, 80 サイト, 周期境界条件）のエネルギーの相対誤差の虚時間発展に対する DBM 手法の数値計算結果. DBM_0 とラベルされているものは, すべての結合が 0 の "空" のネットワーク構造の DBM 状態を初期状態としたもので, DBM_1 とされているものは変分法（5 章参照）で数値的に最適化した RBM（隠れスピンの数=可視スピンの数）を初期状態としたものである. (a) において ARBM とラベルされているものは RBM によって微小虚時間発展を近似したもの. 詳しくは 7.2.4.1 項を参照 [175].

図 7.9(b) は 1 次元反強磁性ハイゼンベルク模型において異なる初期状態に対するベンチマークを行ったものである. 今回議論している DBM 手法においては, 必ずしもプロダクト状態を初期状態とする必要はない. DBM の特殊な場合（深層スピンなし）に該当する RBM はその波動関数の値が解析的に計算できるために, 変分法とも相性が良い（5 章や 7.1 節参照）. 変分法に基づいて数値的に最適化された RBM 状態から出発すると（DBM_1 とラベルされている）, すでに基底状態の良い近似となっているために, 短い虚時間発展で基底状態に到達することができる. エンタングルメントのない状態であるプロダクト状態を初期状態に用いると（DBM_0 とラベルされている）, 基底状態に到達するのに長い虚時間発展が必要になってしまうのとは対照的である.

7.2.4 議論：経路積分との関係・変分法との比較

7.2.4.1 経路積分との関係

7.2.2 節では, 横磁場イジング模型を例にとり, イジング相互作用項と横磁場項による微小虚時間発展を再現するための DBM のパラメータの変化を議論した（図 7.8(a)）. 量子的な項である横磁場項による微小虚時間発展を解析的かつ厳密に満たすためには, 深層スピンを導入する必要があるのに対し, 古典的な項であるイジング相互作用による微小虚時間発展を満たすには深層スピンの導入は不要である. この違いは大変興味深く, 今回議論している手法によっ

て古典的な2体相互作用ハミルトニアンに対する基底状態を求める場合には，深層自由度は不要，すなわち，RBM構造で十分なことを示している．一方で，量子的な微小虚時間発展をRBM構造だけで厳密かつ解析的に満たすことはできない．図7.9(a)においてARBMとラベルされているものは横磁場項による微小虚時間発展を深層スピンを導入せずにRBM構造の範疇で解析的に近似したものとなっている．虚時間が大きくなるにつれて，量子的なエンタングルメントが成長してくるので，その領域において厳密な虚時間発展からのずれが顕著になってしまう（より詳しくは文献[175]を参照されたい）．

DBMは可視スピンに加え，隠れスピン・深層スピンからなる古典スピン系と解釈することができる．したがって，今回議論している手法は，量子的なハミルトニアンの基底状態を古典系にマップする量子古典対応の枠組みを提供する．実は，微小虚時間発展をDBMのパラメータ変化で解析的に再現する解は複数存在する．DBMは量子状態を隠れスピン・深層スピンの状態和で表すので，分割された重みの和が等しくても，どう重みを分割するかには任意性がある．その複数の解の中の特別な場合には有名な量子古典対応の手法である**経路積分**と等価になることが示されている[175]．経路積分では，D次元の量子系を$D+1$次元の古典系にマップしている．本手法では，深層がこの新たな次元の役割を果たしている（RBM構造では量子的な微小虚時間発展を厳密に再現することはできなかったことを思い出してほしい）．このようにDBMという生成モデルで虚時間発展を再現するという場合においては，深層学習における深層の役割に対する物理的な解釈を与えることができる．

おまけとして**量子回路**との関連も触れておこう．本節では虚時間発展という非エルミートな演算子を議論してきたが，DBMを用いればエルミートな演算子による量子状態の発展も解析的かつ厳密に再現できる．近年大きな注目を集めている量子回路は初期量子状態から多数のエルミート演算子を作用させるという形式を取っている．これらの演算子を古典的に表現するとそれらは行列なので，量子回路により表現される量子状態がテンソルネットワーク状態と解釈できる，というのはよく知られた事実であるが，実は量子回路状態はDBM状態によっても厳密に表現可能である．

7.2.4.2 変分法との比較

最後にDBMで解析的に基底状態表現を構築する本手法と，5章や7.1節で議論した変分法の比較をしよう．中でもRBMを用い，かつ，パラメータの最適化にSR法を用いた変分法を比較対象にすると議論の見通しが良くなるので，ここではその変分法との比較を行う．SR法は5.2.2.2項でも議論したように変分状態の表現能力の範囲内でハミルトニアンによる虚時間発展をできるだけ再現する手法であった．

したがって，2つの手法を比較すると表7.3のようにまとめることができる．

表 7.3 DBM で解析的に基底状態表現を構築する手法と，RBM のパラメータを SR 法で数値的に最適化する変分法の比較.

	RBM	DBM
パラメータの更新	数値的	解析的
基底状態の表現精度	近似的	任意の精度
ネットワークサイズ	よりコンパクト	隠れ・深層スピン数が $\mathcal{O}(N_\tau N_{\text{site}})$
モンテカルロ対象	可視スピン	可視・隠れ・深層スピン
負符号問題	フラストレート系などへも適用可	不可避

DBM 手法では鈴木－トロッター分解されたハミルトニアンによる虚時間発展を厳密に追うことができるので，トロッターエラーを除き厳密に基底状態を表現することができる．ただし，構築された DBM から物理量を計算する際には，可視スピンに加えて隠れスピン・深層スピンに対してもモンテカルロサンプリングを実行する必要がある．この際，物理量の期待値計算 $\langle \psi_\theta | \mathcal{O} | \psi_\theta \rangle / \langle \psi_\theta | \psi_\theta \rangle$ の際のブラ側とケット側の隠れスピン・深層スピン配置が異なるサンプルが大量に発生し，その場合には一般には**負符号問題**が生じてしまう（詳しくは [175] を参照）．負符号問題が回避できるのは，フラストレーションのない量子スピン系などの特殊な場合のみであり，この事情はよく知られた他の量子古典マッピングの手法である経路積分法などと同様である．

一方，RBM のパラメータを変分原理に基づいて SR 法で最適化する手法は，ハミルトニアンによる虚時間発展を RBM が表現できる範囲内でできるだけ正確に再現する手法となる．そのため，その近似の精度は RBM の表現能力に依存する．この点は DBM 手法に比べて劣るように見えるが，一番の強みは負符号問題にある．RBM は解析的に隠れスピンの自由度の状態和を取れるので，物理量の期待値計算においては，$|\psi_\theta(\sigma)|^2$ を重みとして，可視スピン配置だけをモンテカルロサンプリングすればよい（5.3.2 節参照）．そのため，フラストレーションのあるスピン系などへの適用も進んでいる（7.1.1 節参照）．

したがって，物理の難問とされている問題に適用することを考える上では現状は変分法を採用することが良いと考えられる．しかしながら，DBM という深層学習モデルが物理のよく知られた概念である経路積分を包含するという対応関係が明らかになったことは意義深く，**ブラックボックス**と言われている深層学習の学理を研究していく上で重要なステップとなるかもしれない．

第 8 章

発展的課題：励起状態・ダイナミクス・開放量子系・有限温度

前章では，基底状態を計算する手法の進展について，変分法と量子古典マッピングの観点から最近のトピックを紹介した．変分法や量子古典マッピングの手法自体は，基底状態にとどまらず，量子多体計算において重要となる励起状態・実時間ダイナミクス・開放量子ダイナミクス・有限温度状態など，多種多様な用途に拡張が可能である．

8.1 励起状態

まず，量子多体問題において基底状態計算と並んで重要である，**励起状態**を計算する手法を紹介する．低温領域において系の振舞いを司るのは，基底状態およびエネルギー的に近い励起状態であることから，以下では特に低エネルギー励起状態の計算方法を紹介する．人工ニューラルネットワークを用いた計算手法として主流であるのは

(i) 部分空間を用いる手法，

(ii) 対称性の制約を課す手法，

(iii) ペナルティ項を用いる手法

である．以下では，順を追って説明する．

8.1.1 部分空間法

部分空間法は，多体変分計算で得られた物理量の情報に対し，事後処理を施すことによってヒルベルト空間の部分空間を作り出し，変分計算を行う手法の総称であり，ランチョス法やクリロフ法など様々な手法が知られている．これらに共通する考え方は，全ヒルベルト空間にてシュレーディンガー方程式などの基礎方程式を解く代わりに，（一般には基底どうしが非直交な）部分空間 $\mathcal{S} = \mathrm{Span}\{|\psi_k\rangle\}$ に制限して多体計算を実行し，その計算コストを効率化する，というものである．

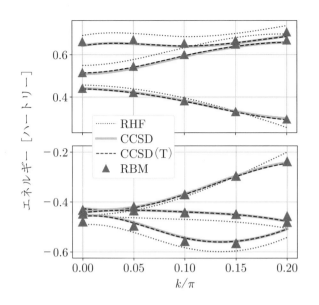

図 8.1 部分空間法による固体電子系 (1 次元的な高分子 $(C_2H_2)_n$) の励起状態計算. ここで, RHF は制限ハートリー–フォック法, CCSD と CCSD(T) はそれぞれ, 結合クラスター法のうち 2 電子励起までを考慮した Coupled-Cluster Singles and Doubles と, それに対して摂動的に 3 次の効果を取り込んだものを表す[53].

特に, 事前に基底状態 $|\psi_0\rangle$ が得られている状況で, 励起状態計算を行うには, 期待値が効率的に計算できるような演算子の組 $\{O_k\}$ を用意した上で, $|\psi_k\rangle = O_k |\psi_0\rangle$ のように取ることが多い. このとき, 部分空間法は, 以下のような変分状態の最適化を行うことに相当する:

$$|\psi\rangle = \sum_k \alpha_k O_k |\psi_0\rangle. \tag{8.1}$$

ここで, 係数 α_k は変分パラメータであり, 所望の計算対象に応じて値が決定される. 特に, 部分空間 $\mathcal{S}$ における固有状態が対象であるとき, Rayleigh–Ritz 変分条件を課すことで, 以下の**一般化固有方程式**が解を与えることがわかる:

$$\widetilde{\mathcal{H}}\boldsymbol{\alpha} = \lambda \widetilde{S}\boldsymbol{\alpha}. \tag{8.2}$$

ここで, λ は固有値を, $\widetilde{\mathcal{H}}$ と $\widetilde{S}$ は, それぞれ部分空間に制限されたハミルトニアンおよび基底間の重なりを表す行列で, その行列要素は

$$\widetilde{\mathcal{H}}_{kk'} = \langle\psi_0|O_k^\dagger \mathcal{H} O_{k'}|\psi_0\rangle, \tag{8.3}$$

$$\widetilde{S}_{kk'} = \langle\psi_0|O_k^\dagger O_{k'}|\psi_0\rangle \tag{8.4}$$

によって与えられる.

具体的に, 部分空間法により励起状態を計算した例を図 8.1 に示した. ここ

では，1次元的な高分子 $(C_2H_2)_n$ のバンド計算を行った結果を示している．ここで，ハミルトニアンは第二量子化された第一原理ハミルトニアンで，以下のように定義されている：

$$\mathcal{H}=\sum_{p,q}\sum_{\boldsymbol{k}} t_{pq}^{\boldsymbol{k}} c_{p\boldsymbol{k}}^{\dagger} c_{q\boldsymbol{k}} + \frac{1}{2}\sum_{p,q,r,s}\sum_{\boldsymbol{k}_p,\boldsymbol{k}_q,\boldsymbol{k}_r,\boldsymbol{k}_s}^{\prime} v_{pqrs}^{\boldsymbol{k}_p\boldsymbol{k}_q\boldsymbol{k}_r\boldsymbol{k}_s} c_{p\boldsymbol{k}_p}^{\dagger} c_{q\boldsymbol{k}_q} c_{r\boldsymbol{k}_r}^{\dagger} c_{s\boldsymbol{k}_s}. \tag{8.5}$$

ただし，$c_{p\boldsymbol{k}}$（$c_{p\boldsymbol{k}}^{\dagger}$）は，波数 $\boldsymbol{k}$ に相当する p 番目の結晶軌道における電子の消滅（生成）演算子で，反交換関係 $\{c_{p\boldsymbol{k}_p},c_{q\boldsymbol{k}_q}^{\dagger}\}=\delta_{pq}\delta_{\boldsymbol{k}_p\boldsymbol{k}_q}$ を満たす．また，$t_{pq}^{\boldsymbol{k}}$ と $v_{pqrs}^{\boldsymbol{k}_p\boldsymbol{k}_q\boldsymbol{k}_r\boldsymbol{k}_s}$ はそれぞれ，1体と2体の交換積分を表している．2体相互作用項の和における $\prime$ 記号は結晶運動量の保存を考慮していることを示す．

このハミルトニアンに対して SR 法を用いて基底状態 $|\psi_0\rangle$ を求めたのち，部分空間として $\mathcal{S}=\{c_{p\boldsymbol{k}}|\psi_0\rangle\}, \{c_{p\boldsymbol{k}}^{\dagger}|\psi_0\rangle\}$ を考慮して式 (8.2) を解くことで，イオン化エネルギーおよび電子親和力が得られ，さらにクープマンの定理による補正を加えることでバンド図に相当する図 8.1 が得られる（詳しくは文献 [53] を参照）．

8.1.2 対称性の制約を課す手法

次に，対称性の制約を課すことで，異なる対称性セクターの最低エネルギー固有状態を計算する手法を紹介しよう [144,156,176]．有限サイズの系の量子状態は，系の対称性などに伴っていくつかの保存する物理量（良い量子数）で指定することができる．例えば，系に並進対称性があれば，全運動量が保存量となり，各量子状態も全運動量の値でラベル付けできる．

変分波動関数に対称性を課し，各量子数でラベル付けされるようにすることができれば，基底状態のみならず励起状態の計算も可能になる．様々に異なる量子数の値を変分波動関数に課した上で変分計算を行うと，その量子数セクターの下での最低エネルギー状態を近似することができる．それらの中で一番エネルギーの低い状態が基底状態となり，基底状態とは異なる量子数セクターで計算されたそのセクターにおける最低エネルギー状態は励起状態に対応する．例えば，全運動量 $\boldsymbol{K}$ が保存する系でかつ基底状態が $\boldsymbol{K}=\boldsymbol{0}$ を満たす状態だとすると，全運動量 $\boldsymbol{K}$ が有限の量子数セクターで計算された状態は励起状態に該当する（各波数で計算を行えば励起構造の分散が計算できる）．

波動関数に量子数を指定するやり方は一意ではないが，ここではそのうちの一つとして，VMC などでも用いられることの多い量子数射影 [166] を議論する．また，具体例があった方がイメージが湧きやすいと思うので，図 7.6 に使われた量子数射影 [144] がどのように行われているかを紹介することとする．図 7.6 では，2次元正方格子上の J_1–J_2 反強磁性ハイゼンベルク模型の基底状態を求めるための計算が行われている．用いられた量子状態をラベルする物理量は，全運動量 $\boldsymbol{K}$，スピンパリティ（すべてのスピンを反転させたときに波動

関数の符号が変わるかどうか：偶パリティの場合 S_+，奇パリティの場合 S_- と表すこととする），C_{4v} 点群の既約表現（$I = \mathrm{A}_1,\ \mathrm{A}_2,\ \mathrm{B}_1,\ \mathrm{B}_2,\ \mathrm{E}$）である．これらに関する量子数射影の式は

$$\psi_{\boldsymbol{K}}^{I,S\pm}(\sigma) = \sum_{R,\boldsymbol{R}} e^{-i\boldsymbol{K}\cdot\boldsymbol{R}} \chi_R^I \left[\psi(T_{\boldsymbol{R}}R\sigma) \pm \psi(-T_{\boldsymbol{R}}R\sigma)\right] \tag{8.6}$$

（複号同順）で与えられる．ここで，$T_{\boldsymbol{R}}$ はすべての粒子を $\boldsymbol{R}$ だけ並進させる演算子，R は C_{4v} 点群の対称操作，χ_R^I は I 既約表現の指標である．この場合，右辺の波動関数 $\psi(\sigma)$ に何の対称性も課していなくとも，左辺の波動関数 $\psi_{\boldsymbol{K}}^{I,S\pm}(\sigma)$ は対称性が課されたものとなり，各量子数でラベル付けされる[*1]．図 7.6 では基底状態を指定する $\boldsymbol{K} = 0$，偶スピンパリティ S_+，$I = \mathrm{A}_1$ に対して計算が行われているが，これとは異なる量子数セクターでの計算を行うことで励起状態の計算も可能である（実際，図 7.6 に関する計算がなされている文献 [144] では励起状態のベンチマーク計算もなされている）．

8.1.3　ペナルティ法

計算により，基底状態から $K-1$ 番目までの励起状態 $\{\psi_k\}_{k=0}^{K-1}$ がすべて求まっていると仮定する．ここで，K 番目の励起状態とは，ヒルベルト空間 H の中で 0 番目から $K-1$ 番目の固有状態のすべてと直交する空間 $H_K = H \setminus \bigoplus_{k=0}^{K-1} |\psi_k\rangle\langle\psi_k|$ を考え，その空間の中で最もエネルギーの低い状態である，と言い換えることができる．ペナルティ法とは，制約つき最適化問題の解法であり，ハミルトニアン $\mathcal{H}$ の代わりに以下の演算子に関する最適化を実行することで，$\mathcal{H}_K$ における「基底状態」の計算を目指す手法である：

$$\mathcal{H}_K = \mathcal{H} + \sum_{k=0}^{K-1} c_k |\psi_k\rangle\langle\psi_k|. \tag{8.7}$$

ここで，係数 $c_k > 0$ はペナルティの影響を調節するハイパーパラメータである．文献 [176] では，励起状態を一つだけ探索する場合であれば，あらわにペナルティ項を含むハミルトニアンを構築せずとも等価な効果が得られることを指摘した．具体的には，計算により得られた変分波動関数 $|\psi_0\rangle$ に対して，並行ではない別の変分量子状態 $|\psi_1\rangle$ が得られているとき，以下のような状態を定義する：

$$|\Psi\rangle = |\psi_1\rangle - \lambda|\psi_0\rangle. \tag{8.8}$$

ここで，$\lambda = \frac{\langle\psi_0|\psi_1\rangle}{\langle\psi_0|\psi_0\rangle}$ のようにとれば，$\langle\Psi|\psi_0\rangle = 0$ が担保できることになる．そこで，モンテカルロサンプリングによって

[*1]　波動関数を計算するのにかかるコストは式 (8.6) に含まれる和の分だけ増えることには注意されたい．

$$\lambda = \frac{\langle\psi_0|\psi_1\rangle}{\langle\psi_0|\psi_0\rangle} = \sum_\sigma \left(\frac{\psi_1(\sigma)}{\psi_0(\sigma)}\right) \frac{|\psi_0(\sigma)|^2}{\sum_{\sigma'}|\psi_0(\sigma')|^2} \tag{8.9}$$

のように λ を評価すれば，重ね合わせに対応する量子状態 $|\Psi\rangle$ に関する物理量評価が可能となる．したがって，このような $|\Psi\rangle$ に関して SR 法などの虚時間発展手法を適用すれば，励起状態が計算できることになる．文献 [176] では，上記の方法により，36 サイトの 1 次元ハイゼンベルク模型に関して，相対誤差 3×10^{-4} の精度でエネルギーギャップを計算可能であることが示されている．

8.2　実時間ダイナミクス

5.2.2.2 項にて紹介したように，人工ニューラルネットワークを用いた基底状態計算においては，SR 法を用いて虚時間発展を近似するような変分計算が強力である．変分原理の導出を追った読者であれば，同様な形式を用いることで，量子状態の**実時間発展**も取り扱うことが可能であることに気づいたかもしれない．以下では，その計算手法を簡単に概観する．

時間非依存ハミルトニアン $\mathcal{H}$ に関する**シュレーディンガー方程式**

$$i\frac{\partial}{\partial t}|\psi\rangle = \mathcal{H}|\psi\rangle \tag{8.10}$$

に従う量子状態 $|\psi(t)\rangle$ を考える（$\hbar = 1$ とした）．特に，変分波動関数を用いて $|\psi_{\theta^{(t)}}\rangle$ のように表し，変分パラメータ $\theta^{(t)}$ の更新規則を与える変分原理として，**フビニ–スタディ計量** $\mathcal{F}[|\psi\rangle, |\phi\rangle] = \arccos\sqrt{\frac{\langle\psi|\phi\rangle\langle\phi|\psi\rangle}{\langle\psi|\psi\rangle\langle\phi|\phi\rangle}}$ に基づくものを考える．つまり，時刻 t における微小時間幅 $2\delta t$ の時間発展に伴う残差関数を

$$R(t;\theta) = \mathcal{F}[e^{-2i\mathcal{H}\delta t}|\psi_{\theta^{(t)}}\rangle, |\psi_{\theta^{(t)}+\delta\theta}\rangle] \tag{8.11}$$

のように定義する．これを最小化するようなパラメータ $\theta^{(t)}$ の更新 $\delta\theta^{(t)}$ は，虚時間発展の場合と同様に，

$$\delta\theta_k^{(t)} = -i\delta t \sum_l \left(S^{(t)}\right)^{-1}_{kl} g_l^{(t)} \tag{8.12}$$

のように与えられる．ただし，$S^{(t)}$ と $g^{(t)}$ は 5.2.2 節で定義したフビニ–スタディ計量テンソルおよび勾配ベクトルである．

以上に示した枠組みは，**時間依存変分原理**と呼ばれ，変分波動関数の形式を問わずに適用が可能である [177,178]．カルレオとトロイヤーは，人工ニューラルネットワークによる変分計算を導入した論文 [49] で，基底状態だけでなく，時間発展も効率的かつ高精度で計算できることを示している．一方で，示されていた結果は 1 次元のスピン模型に関する簡易的なものであり，行列積状態（MPS）を用いた計算と比べて精度の観点でも劣るものであった．近年の進展により，量子スピン系の 2 次元系においてはテンソルネットワークによる最先

端手法を凌駕することが示された[179] ほか，実時間発展計算を通じたスペクトル関数の計算による実験レベルの予言なども行われており[180]，今後の発展がさらに期待される応用先となっている．

8.3 開放量子系

ここまでは，興味のある系が外界との相互作用をせず，系のハミルトニアンのみに依存したユニタリ時間発展に従う「孤立量子系」を扱ってきた．しかし，現実の量子系を完全に孤立させることはできず，外部環境へのエネルギー散逸・流入を伴うものとして取り扱うのが適切である．このような量子系を「開放量子系」と呼ぶ．外部環境との相互作用は，コヒーレントな量子系における散逸の影響や，測定・フィードバックの効果の記述を可能にすることから，量子光学・量子熱力学・量子測定理論・量子情報理論などの広範な分野で不可欠な考え方となっている．

量子開放系を記述する基礎方程式の一つに，Gorini–Kossakowski–Sudarshan–Lindblad（GKSL）型の**量子マスター方程式**がある．すなわち，外部環境との相互作用が以下の3つの仮定を満たしているとする：

(I) 初期状態において系と外部環境は完全に無相関である（ボルン近似）．

(II) 系との相互作用による外部環境の励起は無視できるほど素早く減衰する（マルコフ近似）．

(III) 系のダイナミクスのタイムスケールに比べて十分短い振動は無視できる（回転波近似）．

このとき，系の量子状態 $\rho(t)$ は，以下のような時間発展に従う：

$$\frac{d\rho(t)}{dt} = \mathcal{L}[\rho] := -i[\mathcal{H}(t), \rho(t)] + \sum_k \mathcal{D}[\Gamma_k(t)]\rho(t). \tag{8.13}$$

ただし，$\mathcal{L}$ は系の時間並進演算子である．ここで，第1項の $\mathcal{H}(t)$ は時刻 t における系のハミルトニアンに起因するユニタリ時間発展を表し，第2項は外部環境との相互作用による散逸項を表している．特に，k 番目のジャンプ演算子 $\Gamma_k(t)$ に関して，超演算子 $\mathcal{D}$ の作用は，具体的に

$$\mathcal{D}[\Gamma_k](\cdot) = \Gamma_k(t)(\cdot)\Gamma_k^\dagger(t) - \frac{1}{2}\{\Gamma_k^\dagger(t)\Gamma_k(t), (\cdot)\} \tag{8.14}$$

のように与えられる．つまり，非ユニタリ成分に由来するダイナミクスは，ジャンプ演算子 $\{\Gamma_k\}$ によって完全に特徴付けられることになる．

式 (8.13) によって表される時間発展のうち，特にジャンプ演算子が $\Gamma_k(t) = \Gamma_k$ のように時間に依存しないものを考えることにしよう．このような定式化のもとでは，少なくとも1つの定常状態が存在することが示されている[181]．つまり，ある量子状態 ρ_{SS} が存在して，以下を満たす：

$$\mathcal{L}[\rho_{\mathrm{SS}}] = 0. \tag{8.15}$$

このような ρ_{SS} は「非平衡定常状態」と呼ばれ，長時間極限で到達する状態である（SS は stationary state の略）．いわば，孤立量子系における基底状態のような，系の振舞いを代表する状態であるといえよう．非平衡定常状態を計算するには，大きく 2 つのアプローチが存在する：

1. 非ユニタリ時間発展を長時間シミュレートし，時間変動が十分無視できる領域で到達した量子状態を ρ_{SS} とする．

2. 実際のダイナミクスを用いずに超演算子 $\mathcal{L}$ のゼロ固有状態を計算する．

以下では，文献[182] で提案された 2 つ目のアプローチについて，簡単に紹介すると共に，開放量子多体系における数値計算例を紹介する．

8.3.1 Choi 表現による量子マスター方程式のベクトル化

6.2.3 節で導入した密度行列の NDO 表現は，純粋化のテクニックを用いて，拡張ヒルベルト空間上の純粋状態を表現するために人工ニューラルネットワークを用いていた．ここでは，純粋化とは異なる手法により混合状態を純粋状態に埋め込む手法を考えよう．具体的には，Choi–Jamiołkowski 同型と呼ばれる写像を用いる．Choi–Jamiołkowski 同型を直感的に説明すると，以下のような内容になる：d 次元系の純粋状態をベクトルとして表現したとき，ユニタリ演算子の表現が $d \times d$ 次元の行列で与えられていたように，混合状態を d^2 次元のベクトル，量子チャネルの表現を $d^2 \times d^2$ 次元の行列として与えることができる．この Choi–Jamiołkowski 同型における量子チャネルの表現を特に Choi 行列と呼ぶ．量子チャネル $\mathcal{E}$ を考えたとき，Choi 行列 $M(\mathcal{E})$ の行列要素は，以下のように与えられる：

$$M(\mathcal{E})_{ii',jj'} = \frac{1}{d} \langle i' | \, \mathcal{E}(|i\rangle \langle j|) \, |j'\rangle. \tag{8.16}$$

これに対応して，量子状態 ρ はベクトル $|\rho\rangle\rangle$ として表現される：

$$\rho = \sum_{i,j} \rho_{ij} |i\rangle \langle j| \mapsto \frac{1}{C} \sum_{ij} \rho_{ij} |i,j\rangle\rangle. \tag{8.17}$$

ただし，$|i,j\rangle\rangle = |i\rangle \otimes |j\rangle \in \mathcal{H} \otimes \mathcal{H}$ は拡大ヒルベルト空間の直交基底をなす．C は規格化因子である．量子情報の文脈では，$|\rho\rangle\rangle$ を Choi ベクトルと呼ぶ．以下では Choi ベクトルもしくは「混合状態のベクトル表現」と明示的に指すことにしよう．

さて，式 (8.16) と (8.17) を用いると，一般に混合状態 ρ への任意の作用は

$$A\rho B \mapsto A \otimes B^T |\rho\rangle\rangle \tag{8.18}$$

のように変換される．したがって，GKSL 方程式は以下のように書き下される：

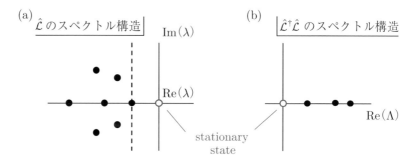

図 8.2　Lindblad 演算子 $\hat{\mathcal{L}}$ とエルミート化された演算子 $\hat{\mathcal{L}}^\dagger\hat{\mathcal{L}}$ のスペクトルの比較.

$$\frac{d}{dt}|\rho(t)\rangle\rangle = \hat{\mathcal{L}}|\rho(t)\rangle\rangle$$

$$= \left(-i(\mathcal{H}\otimes I - I\otimes\mathcal{H}^T) + \sum_k \hat{D}[\Gamma_k]\right)|\rho(t)\rangle\rangle. \qquad (8.19)$$

ただし，ハット ^ の導入により Choi–Jamiolkowski 同型の導入を明示的に示した．また，$\hat{\mathcal{L}}$ は Lindblad 超演算子の Choi 行列であり，一般に散逸が存在するときには非エルミート行列となる．特に，散逸項の Choi 行列は

$$\hat{D}[\Gamma_k] = \Gamma_k\otimes\Gamma_k^* - \frac{1}{2}(\Gamma_k^\dagger\Gamma_k\otimes I + I\otimes\Gamma_k^T\Gamma_k^*) \qquad (8.20)$$

である．

　Choi 表現の下で，非平衡定常状態が満たす式は

$$\hat{\mathcal{L}}|\rho_{\mathrm{SS}}\rangle\rangle = 0 \qquad (8.21)$$

のように書けることから，非平衡定常状態の計算は，非エルミート行列 $\hat{\mathcal{L}}$ に対する固有値がゼロの固有状態を求める問題に帰着されたことがわかる．一方で，上記の条件が満たされているときには，明らかに以下も成り立つ：

$$\hat{\mathcal{L}}^\dagger\hat{\mathcal{L}}|\rho_{\mathrm{SS}}\rangle = 0. \qquad (8.22)$$

実際，エルミート化された演算子 $\hat{\mathcal{L}}^\dagger\hat{\mathcal{L}}$ のスペクトル構造を調べると，$\hat{\mathcal{L}}$ におけるゼロ固有状態は，同様に $\hat{\mathcal{L}}^\dagger\hat{\mathcal{L}}$ のゼロ固有状態にもなっており，かつ，それが一番値の小さい固有値となっていることもわかる（図 8.2）．したがって，非平衡定常状態計算は，演算子 $\hat{\mathcal{L}}^\dagger\hat{\mathcal{L}}$ の基底状態計算と等価である．

8.3.2　人工ニューラルネットワークによる非平衡定常状態の計算

　さて，半正定値の演算子 $\hat{\mathcal{L}}^\dagger\hat{\mathcal{L}}$ に関して基底状態計算を実行すれば，量子マスター方程式の非平衡定常状態が得られることがわかった．そのため，Choi ベクトル $|\rho\rangle\rangle$ を人工ニューラルネットワークによって表現して，変分原理に基づくパラメータの最適化を実装すればよいことになる．

ここで，厳密解の固有値がゼロである，という情報は，計算結果の精度を推定する上でも有用であることに触れておきたい．特に，非平衡定常状態が唯一の解を持つ場合を考えよう．人工ニューラルネットワーク量子状態（neural quantum states, NQS）の最適化によって，期待値が $\epsilon := \langle\langle \rho_{\mathrm{NQS}} | \hat{\mathcal{L}}^\dagger \hat{\mathcal{L}} | \rho_{\mathrm{NQS}} \rangle\rangle$ と得られたとする．このとき，エルミート化された演算子の固有状態 $\hat{\mathcal{L}}^\dagger \hat{\mathcal{L}} |i\rangle\rangle = v_i |i\rangle\rangle$，ただし $v_0 = 0 < v_1 \leq v_2 \leq \ldots$，を用いて $|\rho_{\mathrm{NQS}}\rangle\rangle = \sum_i c_i |i\rangle\rangle$ のように書くと，ϵ の値に関して

$$\epsilon = \langle\langle \rho_{\mathrm{NQS}} | \hat{\mathcal{L}}^\dagger \hat{\mathcal{L}} | \rho_{\mathrm{NQS}} \rangle\rangle = \sum_i |c_i|^2 v_i = \sum_{i \neq 0} |c_i|^2 v_i \geq (1 - |c_0|^2) v_1$$

という関係が成立する．このことから，Choi 表現における忠実度（フィデリティ）$F^2 = |\langle\langle \rho_{\mathrm{SS}} | \rho_{\mathrm{NQS}} \rangle\rangle|^2 = |c_0|^2$ が

$$F^2 \geq 1 - \frac{\epsilon}{v_1} \tag{8.23}$$

のようにバウンドできる，すなわち ϵ が小さいほど精度が高い（フィデリティの値が大きい）ということを言うことができる．

8.3.3　横磁場イジング模型におけるデモンストレーション

　次に，孤立量子多体系のベンチマークにおいても用いられている**横磁場イジング模型**に散逸を加えた模型において，非平衡定常状態の計算を行った結果を紹介する．具体的に，ハミルトニアンおよび散逸項はそれぞれ

$$\mathcal{H} = \frac{V}{4} \sum_i \sigma_i^z \sigma_{i+1}^z + \frac{g}{2} \sum_i \sigma_i^x, \tag{8.24}$$

$$\Gamma_i = \sqrt{\gamma} \sigma_i^- \tag{8.25}$$

のように与えられる．ただし，V はスピン間相互作用の大きさ，g は横磁場の振幅である．散逸項 $\Gamma_i = \sqrt{\gamma} \sigma_i^-$ は，各サイトにおける振幅減衰がレート γ で発生することを表している．これは，例えば量子ビットにおける励起状態（$|1\rangle$）における自然放出などを表すため，最も物理現象との関連が深い散逸項の一つと言える．

　図 8.3 には，変分原理に基づいてパラメータを最適化することによって得られた量子状態と厳密解の比較を記載した．計算は数百ステップの更新ののちに収束しており，密度行列の実部，虚部のいずれも高精度で計算できていることがわかる．

8.4　有限温度

　ここでは**有限温度計算**への拡張を議論する．絶対零度においては，量子揺らぎが性質を支配している．一方で有限温度においては，量子揺らぎに加え熱揺

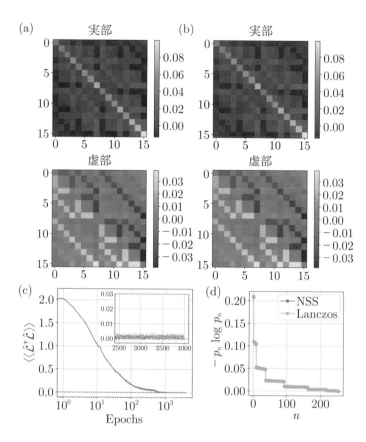

図 8.3　1 次元横磁場イジング模型における非平衡定常状態の密度行列の実部，虚部に関する (a) 厳密な計算，(b) RBM 量子状態を用いた変分法による計算．$N = 8$ 量子ビットにて $V = 0.3$, $g = 1$, $\gamma = 0.5$ を採用した．学習曲線を (c) に示したように，計算は十分に収束している．得られた混合状態を直交分解した際の固有値 $\{p_n\}$ に対して，大きなものから順に $-p_n \log p_n$ を (d) に示した．RBM によって計算された結果（NSS）とランチョス法による計算結果（Lanczos）が非常によく一致していることが確認できる[182]．

らぎの効果が加わる．そのため，有限温度計算への拡張は，この 2 つの揺らぎの効果を同時に取り込む必要があるので，計算科学として挑戦的な課題となる．また，量子多体系に対する実験はすべて有限温度で行われるため，実験と比較できる量を計算するという意味でも有限温度シミュレーションは重要な意味を持つ．

　ここでは，文献[183] に従って，DBM（3.3.3 節参照）を用いた有限温度手法を紹介する．この手法では，系の混合状態が，拡張した系の純粋状態にマップすることができるという**純粋化**というアイデアを採用し，拡張した系の純粋状態を DBM で表現することで有限温度計算を実行している．

　具体的な例として，N 個の $S = 1/2$ の量子スピンからなる系を考える．この N 個の量子スピンに加え，N 個の補助（アンシラ）スピンを加えた

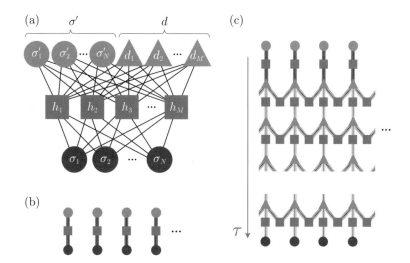

図 8.4　(a) 拡張された系の純粋状態を表す DBM の構造. (b) 無限温度の $S = 1/2$ の量子スピン系に対応する拡張された系の純粋状態 $|\psi(T = \infty)\rangle$ を表す DBM. (c) 1 次元の横磁場イジング模型 $\mathcal{H} = -J\sum_i \sigma_i^z \sigma_{i+1}^z - \Gamma\sum_i \sigma_i^x$ の熱平衡状態に対応する拡張された系の純粋状態を表す DBM. 図 3.2(d) にも示されているように，(c) で示されている構造は (a) で示されているような構造に描き直すことができる. (b) および (c) において太線で表現されている相互作用パラメータの大きさは，色が濃いほうから，$i\frac{\pi}{4}$, $\frac{1}{2}\mathrm{arcosh}(e^{2J\delta_\tau})$, $\frac{1}{2}\mathrm{arcosh}\left(\frac{1}{\tanh(\Gamma\delta_\tau)}\right)$ で与えられる[183].

拡張された系を考えると，元の系の無限温度に対応する拡張された系の純粋状態は $|\psi(T = \infty)\rangle = \bigotimes_{i=1}^{N}(|\uparrow\downarrow'\rangle + |\downarrow\uparrow'\rangle)_i$ と表すことができる[*2]. この状態から出発して，系のハミルトニアンによる**虚時間発展**を作用させると，元の系の熱平衡状態に対応する拡張された系の純粋状態を得ることができる. 具体的に書くと，温度 T に対応する拡張された系の純粋状態は $|\psi(T)\rangle = e^{-\beta\mathcal{H}/2} \otimes \mathbb{1}' |\psi(T = \infty)\rangle$ $(\beta = 1/T)$ と与えられる. この状態に対して，補助スピンの自由度のみに関して状態和を取ると，元の系の熱平衡状態に対応する密度行列を再現する.

　この DBM 手法では，図 8.4(a) に表されている構造の DBM で $|\psi(T)\rangle$ を表現する. 興味深いことに，無限温度に対応する拡張された系の純粋状態 $|\psi(T = \infty)\rangle$ は図 8.4(b) の DBM 構造によって再現できることを解析的に示すことができる. 対応する DBM 波動関数は $\psi(\sigma, \sigma') = \prod_i 2\cosh\left[i\frac{\pi}{4}(\sigma_i + \sigma_i')\right]$（規格化因子は省略）である. この無限温度状態からの虚時間発展は (i) 7.2.2 節で議論した解析的な手法，もしくは，(ii) 5 章や 7.1 節で議論した変分的な手法（SR 法を用いて数値的にパラメータを最適化し，変分波動関数の表現能

[*2]　元の系の無限温度状態を再現する拡張された系の純粋状態は一意ではない. ここではその中でも単純なものを選んできている.

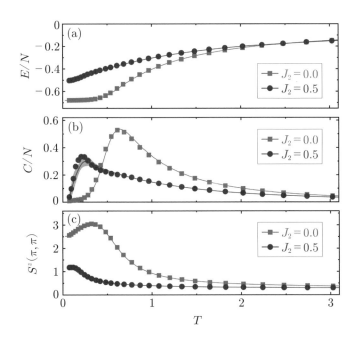

図 8.5　6×6 正方格子（周期境界条件）上の J_1–J_2 ハイゼンベルク模型（$J_1 = 1$）に
　　　　対する有限温度計算の結果．(a) 全エネルギー，(b) 比熱，(c) 波数 (π, π) に
　　　　おけるスピン構造因子．四角と丸で表されたデータは，手法 (ii) によって得
　　　　られたものであり（その際，隠れスピンの数は系のスピンの 8 倍に設定され
　　　　た），実線として示されている数値的に厳密な結果をよく再現している．網掛
　　　　け部分はその数値的に厳密な結果に関するエラーバーの大きさを示す[183]．

力の範囲内でできるだけ正確に近似する方法），のどちらかを用いて再現する
ことができる．

　手法 (i) においては，虚時間発展は鈴木–トロッター分解され，それぞれの微
小虚時間発展を DBM の構造を変化させることで解析的かつ厳密に再現する
（より詳細は 7.2 節参照）．例として，1 次元の横磁場イジング模型を考えよう．
図 8.4(b) に示されている無限温度に対応する DBM 状態 $|\psi(T = \infty)\rangle$ から出
発し，図 7.8(a) の手順に従うと，状態の虚時間発展を再現することができる．
図 8.4(c) はそのようにして構築された $|\psi(T)\rangle$ を表す DBM の構造を示してい
る．温度 T における物理量は，この DBM 内に含まれる系のスピン σ，補助ス
ピン σ'，隠れスピン h，深層スピン d のスピン配置に関してモンテカルロサン
プリングを行うことによって計算することができる．

　手法 (ii) においては深層スピン d が存在しない DBM 構造を考える（すなわ
ち，図 8.4(a) から深層スピン d を取り除く）．この場合，拡張された系の純粋
状態を表す DBM 波動関数は，$\psi(\sigma, \sigma') = \prod_j 2 \cosh\left[b_j + \sum_i (W_{ji}\sigma_i + W'_{ji}\sigma'_i)\right]$
（規格化因子は省略）のように解析的に書くことができる．これは，変分法を
議論した 5 章において導入した RBM 波動関数の式 (5.32) と似た形をしてお

り，この解析的な形を変分アンザツとして用いることができる．虚時間発展の近似のためには，5.2.2.2 項で導入した SR 法を用いる．このことにより，虚時間発展は，変分状態の表現能力の範囲内でできるだけ正確に再現されることとなる．

　手法 (i) と (ii) の間には，絶対零度計算における DBM と RBM アルゴリズムの間の関係性（表 7.3）と似た関係性が存在する．手法 (i) は DBM パラメータの煩雑な数値最適化を必要としないという利点があるものの，物理量を計算するためには σ, σ', h, d スピン配置のモンテカルロサンプリングが必要であり，一般的な量子系では負符号問題が発生する可能性がある．一方で，手法 (ii) においては拡張された系の純粋状態の波動関数 $\psi(\sigma, \sigma')$ を解析的に書き下すことができるために，物理量計算においては，σ と σ' スピンのみに対するモンテカルロサンプリングを行えばよい．その際に $|\psi(\sigma, \sigma')|^2$ に比例する重みを用いることができるため，陽な負符号問題を回避することができ，フラストレーションのある量子スピン系などにも適用が可能となる．

　文献 [183] におけるベンチマーク計算では，まず，フラストレーションのない量子スピン系に対して手法 (i) を適用することにより（この場合負符号問題を回避することができる），トロッターエラーを除き数値的に厳密な有限温度計算が可能であることが示された．フラストレーションのある量子スピン系に対しても，手法 (ii) を適用することで，精度の良い有限温度計算が達成できることが示されている（図 8.5）．

第 9 章
これからに向けて

　量子多体系解析における機械学習の応用は始まったばかりである．伸び代は大きい．ここでは将来に向けた課題などについての私見を述べることとする．

9.1 機械学習手法の課題と将来の方向性

9.1.1 手法の高度化

　本書では，適切な設定の下では機械学習的手法が量子多体系を解析するための新たな "武器" となりつつあることを見てきた．しかし，現状実現している計算は人工ニューラルネットワークの性能を最大限引き出せているとは言い難い．より高度な解析を行う上で重要な課題の一つとして，多数のパラメータをより強力かつ効率的に最適化することができる手法の開発が挙げられる（7.1.2 節も参照されたい）．人工ニューラルネットワークへの情報の入力の仕方（入力層の定義）や，コスト関数をどう設定するかによっても性能は変わってくるので，それらをどう最適化するか，ということも重要な課題となる．大量の計算資源を投入し，かつ，パラメータを増やしていくことでも高度化を図ることはできるが，（あくまで私見では）この方法で複雑なモデルを目指す戦略はあまり好きではない．より少ないパラメータで量子多体現象を記述するために，機械学習と物理的直観を組み合わせる賢い方法を探ることが次小節で述べるホワイトボックス化とも絡んで重要であろうと考えられる．

9.1.2 手法のホワイトボックス化

　人工ニューラルネットワークにおいては，入力から出力に向かって非自明な非線形変換が行われ，その過程はしばしばブラックボックスであると表現される．量子状態は人工ニューラルネットワーク内の多数のパラメータを用いて記述され，パラメータを最適化する過程において人工ニューラルネットワークが何を学習したのか？などは極めて非自明である．

機械学習手法を，何かしらの有用な結果を生み出すブラックボックスなツール，で終わらせるのではなく，そこからいかに本質的な物理的洞察を抽出できるかがこれからの挑戦的課題になると思われる．量子多体問題の解析において成功を収めたテンソルネットワーク手法が，後になって，エンタングルメントエントロピーという画期的な物理量によって成功の理由が解明されたのと同様に，人工ニューラルネットワークの基礎学理を理解する上において量子多体系という舞台は面白いかもしれない[*1]．量子多体系の文脈での人工ニューラルネットワークの基礎学理の研究が，一般の機械学習タスクに焼き直され，それが機械学習の性能向上に繋がるという波及効果が生まれたらさらに面白い展開となる．

9.1.3 "真" に有用なツールへ

　これまでの研究の多くは，従来手法に比べて性能がどうかを評価するベンチマークとなっている．実際，本書に記述されている結果の多くもベンチマークによるものとなっている．機械学習に基づいた手法は新しく導入されたものなので，ベンチマークが重要なことには間違いないが，"真" に機械学習手法が有用だという地位を確立するためには，物理の難問とされている未解明な問題の解明や，量子現象の定量予測などの生産的な応用が必要である．この件については，7.1.3 節においてそのような生産的応用が始まっていることを述べたが，まだまだその数は少ない．今後の進展が重要である．

9.1.4　他の手法とのクロスチェック

　量子多体系を解析する万能な数値手法は存在せず，手法間で相補的になっているので，様々な手法間でクロスチェックを行うことで量子多体問題解析の信頼性を増すことができる．例えば，2 次元正方格子上の J_1–J_2 ハイゼンベルク模型の場合（7.1.3 節も参照されたい），異なる数値アルゴリズムを用いたいくつかの研究が，基底状態の相図において少なくとも定性的な一致を示している[165,185–187]．このように多角的な検証がなされることで，結果の信頼性が高まっている．

　異なる数値アルゴリズム間の比較を意味のあるものにするためには，一貫した精度指標が望まれる．このことを念頭に置いて，異なるアルゴリズムや異なる模型に対する変分計算結果を統一的に比較するためのプラットフォームを構築する試みが行われている[188]．古典計算機を用いた数値手法に加えて**量子計算**まで見据えた手法のさらなる発展と手法間のクロスチェックは，量子多体物性のより深い理解に確実に貢献するものと思われる．

---

*1)　第一歩として著者の一人も RBM の学習後のパラメータの解析の研究を行った[184]．

9.2 終わりに

　本書を通じて，量子多体問題という枠組みの中で，研究者が何に期待して機械学習を導入しているのか，また，機械学習手法の開発・応用はどこまで進んでいるのか，という空気感を味わっていただけたら幸いである．

　機械学習といういわば"機械の脳"の導入は，これまで主に人間の脳による洞察によって進んできた物理の研究の流れにどう影響を与えるのであろうか？将棋棋士が人工知能の指し手を研究して進化したように，物理学者も進化することができるのであろうか？これからの展開が楽しみである．

参考文献

[1] A. Vaswani, N. Shazeer, N. Parmar, J. Uszkoreit, L. Jones, A. N. Gomez, Ł. Kaiser, and I. Polosukhin, in *Advances in Neural Information Processing Systems*, edited by I. Guyon, U. V. Luxburg, S. Bengio, H. Wallach, R. Fergus, S. Vishwanathan, and R. Garnett (Curran Associates, Inc., 2017), vol. 30, pp. 5999–6009.

[2] M. Raissi, P. Perdikaris, and G. Karniadakis, Journal of Computational Physics **378**, 686 (2019).

[3] Y. Taigman, M. Yang, M. Ranzato, and L. Wolf, in *Proceedings of the IEEE conference on computer vision and pattern recognition* (2014), pp. 1701–1708.

[4] J. Carrasquilla and R. G. Melko, Nat. Phys. **13**, 431 (2017).

[5] D. Kim and D.-H. Kim, Phys. Rev. E **98**, 022138 (2018).

[6] L. Wang, Phys. Rev. B **94**, 195105 (2016).

[7] S. J. Wetzel, Phys. Rev. E **96**, 022140 (2017).

[8] W. Hu, R. R. P. Singh, and R. T. Scalettar, Phys. Rev. E **95**, 062122 (2017).

[9] P. Ponte and R. G. Melko, Phys. Rev. B **96**, 205146 (2017).

[10] C. Wang and H. Zhai, Phys. Rev. B **96**, 144432 (2017).

[11] S. J. Wetzel and M. Scherzer, Phys. Rev. B **96**, 184410 (2017).

[12] R. Nandkishore and D. A. Huse, Annu. Rev. Condens. Matter Phys. **6**, 15 (2015).

[13] F. Alet and N. Laflorencie, Comptes Rendus Physique **19**, 498 (2018).

[14] F. Schindler, N. Regnault, and T. Neupert, Phys. Rev. B **95**, 245134 (2017).

[15] J. Venderley, V. Khemani, and E.-A. Kim, Phys. Rev. Lett. **120**, 257204 (2018).

[16] Y.-T. Hsu, X. Li, D.-L. Deng, and S. D. Sarma, Phys. Rev. Lett. **121**, 245701 (2018).

[17] E. van Nieuwenburg, E. Bairey, and G. Refael, Phys. Rev. B **98**, 060301 (2018).

[18] E. V. H. Doggen, F. Schindler, K. S. Tikhonov, A. D. Mirlin, T. Neupert, D. G. Polyakov, and I. V. Gornyi, Phys. Rev. B **98**, 174202 (2018).

[19] T. Ando, J. Phys. Soc. Jpn. **37**, 622 (1974).

[20] K. v. Klitzing, G. Dorda, and M. Pepper, Phys. Rev. Lett. **45**, 494 (1980).

[21] Y. Zhang and E.-A. Kim, Phys. Rev. Lett. **118**, 216401 (2017).

[22] P. Zhang, H. Shen, and H. Zhai, Phys. Rev. Lett. **120**, 066401 (2018).

[23] Y. Che, C. Gneiting, T. Liu, and F. Nori, Phys. Rev. B **102**, 134213 (2020).

[24] T. Ohtsuki and T. Ohtsuki, J. Phys. Soc. Jpn. **85**, 123706 (2016).

[25] T. Ohtsuki and T. Ohtsuki, J. Phys. Soc. Jpn. **86**, 044708 (2017).

[26] N. Yoshioka, Y. Akagi, and H. Katsura, Phys. Rev. B **97**, 205110 (2018).

[27] H. Araki, T. Mizoguchi, and Y. Hatsugai, Phys. Rev. B **99**, 085406 (2019).

[28] Y. Zhang, A. Mesaros, K. Fujita, S. Edkins, M. Hamidian, K. Ch'ng, H. Eisaki, S. Uchida, J. Davis, E. Khatami, *et al.*, Nature **570**, 484 (2019).

[29] E. Stoudenmire and D. J. Schwab, in *Advances in Neural Information Processing Systems* edited by D. Lee and M. Sugiyama and U. Luxburg and I. Guyon and R. Garnett (Curran Associates, Inc., 2017), vol. 29, pp. 4799–4807.

[30] I. Glasser, N. Pancotti, and J. I. Cirac, IEEE Access **8**, 68169 (2020).

[31] Z.-Y. Han, J. Wang, H. Fan, L. Wang, and P. Zhang, Phys. Rev. X **8**, 031012 (2018).

[32] E. M. Stoudenmire, Quantum Science and Technology **3**, 034003 (2018).

[33] S. Efthymiou, J. Hidary, and S. Leichenauer, arXiv:1906.06329.

[34] E. P. L. Nieuwenburg, Y.-H. Liu, and S. D. Huber, Nat. Phys. **13**, 435 (2017).

[35] T. Tanaka, Phys. Rev. E **58**, 2302 (1998).

[36] J. Sohl-Dickstein, P. B. Battaglino, and M. R. DeWeese, Phys. Rev. Lett. **107**, 220601 (2011).

[37] D. Wu, L. Wang, and P. Zhang, Phys. Rev. Lett. **122**, 080602 (2019).

[38] G. Torlai and R. G. Melko, Phys. Rev. B **94**, 165134 (2016).

[39] A. Morningstar and R. G. Melko, The Journal of Machine Learning Research **18**, 5975 (2017).

[40] J. Liu, Y. Qi, Z. Y. Meng, and L. Fu, Phys. Rev. B **95**, 041101 (2017).

[41] L. Huang and L. Wang, Phys. Rev. B **95**, 035105 (2017).

[42] Y. Nagai, H. Shen, Y. Qi, J. Liu, and L. Fu, Phys. Rev. B **96**, 161102 (2017).

[43] X. Y. Xu, Y. Qi, J. Liu, L. Fu, and Z. Y. Meng, Phys. Rev. B **96**, 041119 (2017).

[44] N. Yoshioka, Y. Akagi, and H. Katsura, Phys. Rev. E **99**, 032113 (2019).

[45] S. R. White, Phys. Rev. Lett. **69**, 2863 (1992).

[46] F. Verstraete and J. I. Cirac, cond-mat/0407066.

[47] G. Carleo, I. Cirac, K. Cranmer, L. Daudet, M. Schuld, N. Tishby, L. Vogt-Maranto, and L. Zdeborová, Rev. Mod. Phys. **91**, 045002 (2019).

[48] R. G. Melko, G. Carleo, J. Carrasquilla, and J. I. Cirac, Nat. Phys. **15**, 887 (2019).

[49] G. Carleo and M. Troyer, Science **355**, 602 (2017).

[50] Y. Nomura, A. S. Darmawan, Y. Yamaji, and M. Imada, Phys. Rev. B **96**, 205152 (2017).

[51] H. Saito, J. Phys. Soc. Jpn. **86**, 093001 (2017).

[52] K. Choo, A. Mezzacapo, and G. Carleo, Nat. Commun. **11**, 2368 (2020).

[53] N. Yoshioka, W. Mizukami, and F. Nori, Communications Physics **4**, 106 (2021).

[54] I. Glasser, N. Pancotti, M. August, I. D. Rodriguez, and J. I. Cirac, Phys. Rev. X **8**, 011006 (2018).

[55] R. Kaubruegger, L. Pastori, and J. C. Budich, Phys. Rev. B **97**, 195136 (2018).

[56] Y. Huang and J. E. Moore, Phys. Rev. Lett. **127**, 170601 (2021).

[57] D.-L. Deng, X. Li, and S. D. Sarma, Phys. Rev. B **96**, 195145 (2017).

[58] Z.-A. Jia, Y.-H. Zhang, Y.-C. Wu, L. Kong, G.-C. Guo, and G.-P. Guo, Phys. Rev. A **99**, 012307 (2019).

[59] S. Lu, X. Gao, and L.-M. Duan, Phys. Rev. B **99**, 155136 (2019).

[60] D.-L. Deng, X. Li, and S. D. Sarma, Phys. Rev. X **7**, 021021 (2017).

[61] J. C. Snyder, M. Rupp, K. Hansen, K.-R. Müller, and K. Burke, Phys. Rev. Lett. **108**, 253002 (2012).

[62] R. Nagai, R. Akashi, and O. Sugino, npj Computational Materials **6**, 43 (2020).

[63] T. B. Blank, S. D. Brown, A. W. Calhoun, and D. J. Doren, The Journal of Chemical Physics **103**, 4129 (1995).

[64] J. Behler and M. Parrinello, Phys. Rev. Lett. **98**, 146401 (2007).

[65] N. Artrith, A. Urban, and G. Ceder, Phys. Rev. B **96**, 014112 (2017).

[66] L. Zhang, J. Han, H. Wang, R. Car, and W. E, Phys. Rev. Lett. **120**, 143001 (2018).

[67] E. Kocer, T. W. Ko, and J. Behler, Annual Review of Physical Chemistry **73**, 163 (2022).

[68] S.-M. Udrescu and M. Tegmark, Science Advances **6**, eaay2631 (2020).

[69] H. Fujita, Y. O. Nakagawa, S. Sugiura, and M. Oshikawa, Phys. Rev. B **97**, 075114 (2018).

[70] T. Xin, S. Lu, N. Cao, G. Anikeeva, D. Lu, J. Li, G. Long, and B. Zeng, npj Quantum Information **5**, 109 (2019).

[71] L. Che, C. Wei, Y. Huang, D. Zhao, S. Xue, X. Nie, J. Li, D. Lu, and T. Xin, Phys. Rev. Research **3**, 023246 (2021).

[72] M. Bukov, A. G. R. Day, D. Sels, P. Weinberg, A. Polkovnikov, and P. Mehta, Phys. Rev. X **8**, 031086 (2018).

[73] Z. T. Wang, Y. Ashida, and M. Ueda, Phys. Rev. Lett. **125**, 100401 (2020).

[74] R. Porotti, A. Essig, B. Huard, and F. Marquardt, Quantum **6**, 747 (2022).

[75] A. Davaasuren, Y. Suzuki, K. Fujii, and M. Koashi, Phys. Rev. Research **2**, 033399 (2020).

[76] P. Andreasson, J. Johansson, S. Liljestrand, and M. Granath, Quantum **3**, 183 (2019).

[77] R. Sweke, M. S. Kesselring, E. P. L. van Nieuwenburg, and J. Eisert, Machine Learning: Science and Technology **2**, 025005 (2020).

[78] A. W. Harrow, A. Hassidim, and S. Lloyd, Phys. Rev. Lett. **103**, 150502 (2009).

[79] S. Lloyd, M. Mohseni, and P. Rebentrost, Nat. Phys. **10**, 631 (2014).

[80] P. Rebentrost, M. Mohseni, and S. Lloyd, Phys. Rev. Lett. **113**, 130503 (2014).

[81] J. Biamonte, P. Wittek, N. Pancotti, P. Rebentrost, N. Wiebe, and S. Lloyd, Nature **549**, 195 (2017).

[82] K. Mitarai, M. Negoro, M. Kitagawa, and K. Fujii, Phys. Rev. A **98**, 032309 (2018).

[83] S. Yamada, T. Imamura, and M. Machida, in *Supercomputing Frontiers: 4th Asian Conference, SCFA 2018, Singapore, March 26-29, 2018, Proceedings 4* (Springer, 2018), pp. 243–256.

[84] J. Bardeen, L. N. Cooper, and J. R. Schrieffer, Phys. Rev. **108**, 1175 (1957).

[85] P. Anderson, Materials Research Bulletin **8**, 153 (1973).

[86] R. B. Laughlin, Phys. Rev. Lett. **50**, 1395 (1983).

[87] J. Gubernatis, N. Kawashima, and P. Werner, *Quantum Monte Carlo Methods: Algorithms for Lattice Models* (Cambridge University Press, 2016).

[88] F. Becca and S. Sorella, *Quantum Monte Carlo Approaches for Correlated Systems* (Cambridge University Press, 2017).

[89] W. L. McMillan, Phys. Rev. **138**, A442 (1965).

[90] D. Ceperley, G. V. Chester, and M. H. Kalos, Phys. Rev. B **16**, 3081 (1977).

[91] H. Yokoyama and H. Shiba, J. Phys. Soc. Jpn. **56**, 1490 (1987).

[92] H. Yokoyama and H. Shiba, J. Phys. Soc. Jpn. **56**, 3582 (1987).

[93] S. R. White, Phys. Rev. B **48**, 10345 (1993).

[94] F. Verstraete, V. Murg, and J. Cirac, Advances in Physics **57**, 143 (2008).

[95] R. Orús, Annals of Physics **349**, 117 (2014).

[96] A. Krizhevsky, I. Sutskever, and G. E. Hinton, in *Advances in Neural Information Processing Systems*, edited by F. Pereira and C.J. Burges and L. Bottou and K.Q. Weinberger (Curran Associates, Inc., 2013), vol. 25, pp. 1097–1105.

[97] G. E. Hinton, *A Practical Guide to Training Restricted Boltzmann Machines* (Springer Berlin Heidelberg, Berlin, Heidelberg, 2012), pp. 599–619.

[98] D. Bahdanau, K. Cho, and Y. Bengio, arXiv:1409.0473.

[99] C. Chen, A. Seff, A. Kornhauser, and J. Xiao, in *Proceedings of the IEEE international conference on computer vision* (2015), pp. 2722–2730.

[100] S. Grigorescu, B. Trasnea, T. Cocias, and G. Macesanu, Journal of Field Robotics **37**, 362 (2020).

[101] A. Esteva, B. Kuprel, R. A. Novoa, J. Ko, S. M. Swetter, H. M. Blau, and S. Thrun, Nature **542**, 115 (2017).

[102] G. Litjens, T. Kooi, B. E. Bejnordi, A. A. A. Setio, F. Ciompi, M. Ghafoorian, J. A. van der Laak, B. van Ginneken, and C. I. Sanchez, Medical Image Analysis **42**, 60 (2017).

[103] D. P. Kingma and M. Welling, arXiv:1312.6114.

[104] I. Goodfellow, J. Pouget-Abadie, M. Mirza, B. Xu, D. Warde-Farley, S. Ozair, A. Courville, and Y. Bengio, in Advances in Neural Information Processing Systems, edited by Z. Ghahramani and M. Welling and C. Cortes and N. Lawrence and K.Q. Weinberger (Curran Associates, Inc., 2015), vol. 27, pp. 2672–2680.

[105] K. Fukushima, Neural Networks **1**, 119 (1988).

[106] Y. LeCun, L. Bottou, Y. Bengio, and P. Haffner, Proceedings of the IEEE **86**, 2278 (1998).

[107] K. Simonyan and A. Zisserman, arXiv:1409.1556.

[108] D. E. Rumelhart, G. E. Hinton, and R. J. Williams, Nature **323**, 533 (1986).

[109] G. E. Hinton, Neural Comput. **14**, 1771 (2002).

[110] I. Goodfellow, Y. Bengio, and A. Courville, *Deep learning* (MIT Press, 2016).

[111] 岡谷貴之, **深層学習** (機械学習プロフェッショナルシリーズ，講談社, 2022).

[112] G. Cybenko, Mathematics of Control, Signals and Systems **2**, 303 (1989).

[113] K.-I. Funahashi, Neural Networks **2**, 183 (1989).

[114] K. Hornik, M. Stinchcombe, and H. White, Neural Networks **2**, 359 (1989).

[115] A. R. Barron, *Complexity regularization with application to artificial neural networks* (Springer, 1991).

[116] T. Suzuki and A. Nitanda, in Advances in Neural Information Processing Systems, edited by M. Ranzato and A. Beygelzimer and Y. Dauphin and P.S. Liang and J. Wortman Vaughan (Curran Associates, Inc., 2022), vol. 34, pp. 3609–3621.

[117] N. L. Roux and Y. Bengio, Neural Comput. **20**, 1631 (2008).

[118] G. Montufar and N. Ay, Neural Comput. **23**, 1306 (2011).

[119] L. L. Viteritti, F. Ferrari, and F. Becca, SciPost Phys. **12**, 166 (2022).

[120] M. B. Hastings, J. Stat. Mech. **2007**, P08024 (2007).

[121] S. R. Clark, Journal of Physics A: Mathematical and Theoretical **51**, 135301 (2018).

[122] Y. Levine, O. Sharir, N. Cohen, and A. Shashua, Phys. Rev. Lett. **122**, 065301 (2019).

[123] X. Gao and L.-M. Duan, Nat. Commun. **8**, 662 (2017).

[124] J. Chen, S. Cheng, H. Xie, L. Wang, and T. Xiang, Phys. Rev. B **97**, 085104 (2018).

[125] I. Affleck, T. Kennedy, E. H. Lieb, and H. Tasaki, Phys. Rev. Lett. **59**, 799 (1987).

[126] M. Y. Pei and S. R. Clark, Entropy **23**, 879 (2021).

[127] G. Torlai, G. Mazzola, J. Carrasquilla, M. Troyer, R. Melko, and G. Carleo, Nat. Phys. **14**, 447 (2018).

[128] J. Duchi, E. Hazan, and Y. Singer, Journal of Machine Learning Research **12**, 2121 (2011).

[129] Tijmen Tieleman らによって提唱. 講義ノートとして，G. Hinton, "Lecture 6e rmsprop: Divide the gradient by a running average of its recent magnitude" (2012).

[130] D. P. Kingma and J. Ba, arXiv:1412.6980.

[131] S. Sorella, Phys. Rev. B **64**, 024512 (2001).

[132] S.-I. Amari, K. Kurata, and H. Nagaoka, IEEE Transactions on Neural Networks **3**, 260 (1992).

[133] S.-I. Amari, Neural Comput. **10**, 251 (1998).

[134] P. Jordan and E. Wigner, Z. Physik **47**, 631 (1928).

[135] S. B. Bravyi and A. Y. Kitaev, Annals of Physics **298**, 210 (2002).

[136] Y. Nomura, J. Phys.: Condens. Matter **36**, 073001 (2024).

[137] R. O'Donnell and J. Wright, in *Proceedings of the forty-eighth annual ACM symposium on Theory of Computing* (2016), pp. 899–912.

[138] J. Haah, A. W. Harrow, Z. Ji, X. Wu, and N. Yu, IEEE Transactions on Information

Theory **63**, 5628 (2017).

[139] C. Song, K. Xu, W. Liu, C.-p. Yang, S.-B. Zheng, H. Deng, Q. Xie, K. Huang, Q. Guo, L. Zhang, *et al.*, Phys. Rev. Lett. **119**, 180511 (2017).

[140] S. Aaronson, SIAM Journal on Computing **49**, STOC18 (2019).

[141] M. Cramer, M. B. Plenio, S. T. Flammia, R. Somma, D. Gross, S. D. Bartlett, O. Landon-Cardinal, D. Poulin, and Y.-K. Liu, Nat. Commun. **1**, 149 (2010).

[142] M. J. S. Beach, I. D. Vlugt, A. Golubeva, P. Huembeli, B. Kulchytskyy, X. Luo, R. G. Melko, E. Merali, and G. Torlai, SciPost Phys. **7**, 009 (2019).

[143] T. Vieijra, C. Casert, J. Nys, W. De Neve, J. Haegeman, J. Ryckebusch, and F. Verstraete, Phys. Rev. Lett. **124**, 097201 (2020).

[144] Y. Nomura, J. Phys.: Condens. Matter **33**, 174003 (2021).

[145] A. Szabó and C. Castelnovo, Phys. Rev. Research **2**, 033075 (2020).

[146] D. Luo and B. K. Clark, Phys. Rev. Lett. **122**, 226401 (2019).

[147] J. Han, L. Zhang, and W. E, Journal of Computational Physics **399**, 108929 (2019).

[148] D. Pfau, J. S. Spencer, A. G. D. G. Matthews, and W. M. C. Foulkes, Phys. Rev. Research **2**, 033429 (2020).

[149] J. Hermann, Z. Schätzle, and F. Noé, Nat. Chem. **12**, 891 (2020).

[150] J. Stokes, J. R. Moreno, E. A. Pnevmatikakis, and G. Carleo, Phys. Rev. B **102**, 205122 (2020).

[151] K. Inui, Y. Kato, and Y. Motome, Phys. Rev. Research **3**, 043126 (2021).

[152] J. R. Moreno, G. Carleo, A. Georges, and J. Stokes, Proc. Natl. Acad. Sci. USA **119**, e2122059119 (2022).

[153] G. Cassella, H. Sutterud, S. Azadi, N. D. Drummond, D. Pfau, J. S. Spencer, and W. M. C. Foulkes, Phys. Rev. Lett. **130**, 036401 (2023).

[154] T. Misawa, S. Morita, K. Yoshimi, M. Kawamura, Y. Motoyama, K. Ido, T. Ohgoe, M. Imada, and T. Kato, Comput. Phys. Commun. **235**, 447 (2019).

[155] H. Saito and M. Kato, J. Phys. Soc. Jpn. **87**, 014001 (2018).

[156] Y. Nomura, J. Phys. Soc. Jpn. **89**, 054706 (2020).

[157] T. Ohgoe and M. Imada, Phys. Rev. B **89**, 195139 (2014).

[158] R. H. McKenzie, C. J. Hamer, and D. W. Murray, Phys. Rev. B **53**, 9676 (1996).

[159] W.-J. Hu, F. Becca, A. Parola, and S. Sorella, Phys. Rev. B **88**, 060402(R) (2013).

[160] K. Choo, T. Neupert, and G. Carleo, Phys. Rev. B **100**, 125124 (2019).

[161] S.-S. Gong, W. Zhu, D. N. Sheng, O. I. Motrunich, and M. P. A. Fisher, Phys. Rev. Lett. **113**, 027201 (2014).

[162] F. Ferrari, F. Becca, and J. Carrasquilla, Phys. Rev. B **100**, 125131 (2019).

[163] M. Li, J. Chen, Q. Xiao, F. Wang, Q. Jiang, X. Zhao, R. Lin, H. An, X. Liang, and L. He, IEEE Transactions on Parallel and Distributed Systems **33**, 2846 (2022).

[164] C. Roth, A. Szabó, and A. H. MacDonald, Phys. Rev. B **108**, 054410 (2023).

[165] Y. Nomura and M. Imada, Phys. Rev. X **11**, 031034 (2021).

[166] T. Mizusaki and M. Imada, Phys. Rev. B **69**, 125110 (2004).

[167] M. Reh, M. Schmitt, and M. Gärttner, Phys. Rev. B **107**, 195115 (2023).

[168] A. Chen and M. Heyl, arXiv:2302.01941.

[169] R. Rende, L. L. Viteritti, L. Bardone, F. Becca, and S. Goldt, arXiv:2310.05715.

[170] L. L. Viteritti, R. Rende, and F. Becca, Phys. Rev. Lett. **130**, 236401 (2023).

[171] N. Astrakhantsev, T. Westerhout, A. Tiwari, K. Choo, A. Chen, M. H. Fischer, G. Carleo, and T. Neupert, Phys. Rev. X **11**, 041021 (2021).

[172] F. Vicentini, D. Hofmann, A. Szabó, D. Wu, C. Roth, C. Giuliani, G. Pescia, J. Nys, V. Vargas-Calderón, N. Astrakhantsev, *et al.*, SciPost Phys. Codebases p. 7 (2022).

[173] https://www.netket.org.

[174] https://github.com/yusukenomura/School_2024.

[175] G. Carleo, Y. Nomura, and M. Imada, Nat. Commun. **9**, 5322 (2018).

[176] K. Choo, G. Carleo, N. Regnault, and T. Neupert, Phys. Rev. Lett. **121**, 167204 (2018).

[177] G. Carleo, F. Becca, M. Schiró, and M. Fabrizio, Scientific Reports **2**, 243 (2012).

[178] G. Carleo, F. Becca, L. Sanchez-Palencia, S. Sorella, and M. Fabrizio, Phys. Rev. A **89**, 031602 (2014).

[179] M. Schmitt and M. Heyl, Phys. Rev. Lett. **125**, 100503 (2020).

[180] T. Mendes-Santos, M. Schmitt, and M. Heyl, Phys. Rev. Lett. **131**, 046501 (2023).

[181] A. Rivas and S. F. Huelga, *Open Quantum Systems*, vol. 10 (Springer, 2012).

[182] N. Yoshioka and R. Hamazaki, Phys. Rev. B **99**, 214306 (2019).

[183] Y. Nomura, N. Yoshioka, and F. Nori, Phys. Rev. Lett. **127**, 060601 (2021).

[184] Y. Nomura, J. Phys. Soc. Jpn. **91**, 054709 (2022).

[185] L. Wang and A. W. Sandvik, Phys. Rev. Lett. **121**, 107202 (2018).

[186] F. Ferrari and F. Becca, Phys. Rev. B **102**, 014417 (2020).

[187] W.-Y. Liu, S.-S. Gong, Y.-B. Li, D. Poilblanc, W.-Q. Chen, and Z.-C. Gu, Sci. Bull. **67**, 1034 (2022).

[188] D. Wu, R. Rossi, F. Vicentini, N. Astrakhantsev, F. Becca, X. Cao, J. Carrasquilla, F. Ferrari, A. Georges, M. Hibat-Allah, *et al.*, arXiv:2302.04919.

索　引

ア

一般化固有方程式　104

エンタングルメントエントロピー　8, 45

カ

開放量子系　108

学習率　54

確率的勾配降下法　36, 54

確率的再配置法　56, 84

活性化関数　26

カルバック–ライブラー情報量　35, 71

機械学習　1, 23

機械学習ポテンシャル　10

幾何学的フラストレーション　15, 67, 81

基底状態　13, 51, 80

教師あり学習　34, 35, 50

教師なし学習　34, 38, 50, 71

行列積状態　8, 43, 71

虚時間発展　57, 96, 113

経路積分　101

交差エントロピー　35

勾配消失　40

誤差逆伝播法　36, 63

コスト関数　35, 42, 54, 80

コントラスティブ・ダイバージェンス法　39

サ

最尤推定　38, 71

時間依存変分原理　107

識別モデル　25

自己学習モンテカルロ法　7

自己符号化器　25

磁性　12

自然勾配法　60

実時間発展　107

自動微分　37, 63

シュレーディンガー方程式　13, 107

純粋化　77, 112

順伝播型ニューラルネットワーク　27

人工ニューラルネットワーク　2, 9, 23, 24, 41, 53, 71, 80

深層学習　24

深層ボルツマンマシン　33, 43, 96

制限ボルツマンマシン　9, 32, 42, 61

生成モデル　30

タ

多層パーセプトロン　25

畳み込みニューラルネットワーク　25, 29, 43

超伝導　12, 20

テンソルネットワーク　8, 23, 43, 53

トランスフォーマー　3, 94

ナ

ニュートン法　56

ハ

パーセプトロン　25

ハイゼンベルク模型　15, 18, 60

ハイパーパラメータ　54, 80

波動関数　13, 41

ハバード模型　14, 82

ハミルトニアン　13

非平衡定常状態　109

表現　6

フィッシャー情報計量　59

フィデリティ　57, 75, 111

フェルミオン系　67, 82

フビニ–スタディ計量　56, 107

負符号問題　22, 67, 102

普遍近似　　2, 39, 47, 53
ブラックボックス　　3, 102, 116
分数量子ホール効果　　21
分類　　4

平均場近似　　21
ベル状態　　75
変分原理　　22, 51
変分波動関数　　22, 51, 71, 80
変分法　　22, 51, 80
変分モンテカルロ法　　23

ホルスタイン模型　　17, 89
ボルツマンマシン　　25, 30

マ

密度行列繰り込み群　　23, 44
密度汎関数理論　　9, 22

ヤ

有限温度計算　　111

横磁場イジング模型　　74, 97, 111

ラ

ラフリン波動関数　　21

量子回路　　101
量子機械学習　　11
量子幾何テンソル　　58

量子計算　　10, 16, 49, 117
量子状態トモグラフィー　　50, 70
量子スピン液体　　16, 20, 95
量子スピン系　　15, 41, 66, 73
量子多体系　　12
量子プロセストモグラフィー　　70
量子マスター方程式　　108
量子モンテカルロ法　　22, 66

励起状態　　103
冷却原子系　　87

欧字

AdaGrad　　55
Adam　　55, 88

BCS 波動関数　　20
Bravyi–Kitaev 変換　　85

Jordan–Wigner 変換　　85

Momentum　　55

neural density operator　　78

projected entangled pair states　　8, 44

RMSprop　　55
RVB 波動関数　　20

W 状態　　78

著者略歴

野村 悠祐
のむら ゆうすけ

2015 年　東京大学大学院工学系研究科物理工学専攻博士課程
　　　　修了．博士（工学）
2022 年　慶應義塾大学理工学部物理情報工学科准教授
2024 年　東北大学金属材料研究所金属物性論研究部門教授
専門・研究分野　量子多体物性・計算物質科学
主要著書　Ab Initio Studies on Superconductivity
in Alkali-Doped Fullerides
(Springer Singapore, 2016)

吉岡 信行
よしおか のぶゆき

2020 年　東京大学大学院理学系研究科物理学専攻博士課程
　　　　修了．博士（理学）
　　　　理化学研究所特別研究員
2021 年　東京大学大学院工学系研究科物理工学専攻 助教
専門・研究分野　量子多体物性・量子情報

SGC ライブラリ-191

量子多体物理と人工ニューラルネットワーク

2024 年 6 月 25 日 ©　　　　　　初 版 発 行

著 者　野村 悠祐　　　　発行者　森 平 敏 孝
　　　　吉岡 信行　　　　印刷者　山 岡 影 光

発行所　　株式会社 サイエンス社
〒151–0051　東京都渋谷区千駄ヶ谷 1 丁目 3 番 25 号
営業 ☎ (03) 5474–8500 （代）　振替 00170–7–2387
編集 ☎ (03) 5474–8600 （代）
FAX ☎ (03) 5474–8900　　　　表紙デザイン：長谷部貴志

印刷・製本　三美印刷 (株)

《検印省略》

サイエンス社のホームページのご案内
https://www.saiensu.co.jp
ご意見・ご要望は
sk@saiensu.co.jp　まで．